水利水电工程施工实用手册

混凝土面板堆石坝工程施工

《水利水电工程施工实用手册》编委会　编

中国环境出版社

图书在版编目(CIP)数据

混凝土面板堆石坝工程施工 /《水利水电工程施工实用手册》编委会编. —北京:中国环境出版社,2017.12

(水利水电工程施工实用手册)

ISBN 978-7-5111-3419-6

Ⅰ.①混… Ⅱ.①水… Ⅲ.①混凝土面板坝—堆石坝—工程施工—技术手册 Ⅳ.①TV641.4-62

中国版本图书馆 CIP 数据核字(2017)第 292891 号

出 版 人　武德凯
责任编辑　罗永席
责任校对　尹　芳
装帧设计　宋　瑞

出版发行　中国环境出版社
(100062 北京市东城区广渠门内大街 16 号)
网　　址:http://www.cesp.com.cn
电子邮箱:bjgl@cesp.com.cn
联系电话:010-67112765(编辑管理部)
010-67112739(建筑分社)
发行热线:010-67125803,010-67113405(传真)
印装质量热线:010-67113404

印　　刷　北京盛通印刷股份有限公司
经　　销　各地新华书店
版　　次　2017 年 12 月第 1 版
印　　次　2017 年 12 月第 1 次印刷
开　　本　787×1092　1/32
印　　张　8
字　　数　212 千字
定　　价　26.00 元

《水利水电工程施工实用手册》
编 委 会

总 主 编：赵长海

副总主编：郭明祥

编　　委：冯玉禄　李建林　李行洋　张卫军
刁望利　傅国华　肖恩尚　孔祥生
何福元　向亚卿　王玉竹　刘能胜
甘维忠　冷鹏主　钟汉华　董　伟
王学信　毛广锋　陈忠伟　杨联东
胡昌春

审　　定：中国水利工程协会

《混凝土面板堆石坝工程施工》

主　　编： 刘能胜

副 主 编： 罗　岚　张振旭　王丽红　陈丽娟

参编人员： 龙立华　毛羽飞　廖琼瑶　肖昌虎

主　　审： 梅锦煜　郑桂斌

前言

水利水电工程施工虽然与一般的工民建、市政工程及其他土木工程施工有许多共同之处，但由于其施工条件较为复杂，工程规模较为庞大，施工技术要求高，因此又具有明显的复杂性、多样性、实践性、风险性和不连续性的特点。如何科学、规范地进行水利水电工程施工是一个不断实践和探索的过程。近20年来，我国水利水电建设事业有了突飞猛进的发展，一大批水利水电工程相继建成，取得了举世瞩目的成就，同时水利水电施工技术水平也得到极大的提高，很多方面已达到世界领先水平。对这些成熟的施工经验、技术成果进行总结，进而推广应用，是一项对企业、行业和全社会都有现实意义的任务。

为了满足水利水电工程施工一线工程技术人员和操作工人的业务需求，着眼提高其业务技术水平和操作技能，在中国水利工程协会指导下，湖北水总水利水电建设股份有限公司联合湖北水利水电职业技术学院、中国水电基础局有限公司、中国水电第三工程局有限公司制造安装分局、郑州水工机械有限公司、湖北正平水利水电工程质量检测公司、山东水总集团有限公司等十多家施工单位、大专院校和科研院所，共同组成《水利水电工程施工实用手册》丛书编委会，组织编写了《水利水电工程施工实用手册》丛书。本套丛书共计16册，参与编写的施工技术人员及专家达150余人，从2015年5月开始，历时两年多时间完成。

本套丛书以现场需要为目的，只讲做法和结论，突出“实用”二字，围绕“工程”做文章，让一线人员拿来就能学，学了就会用。为达到学以致用的目的，本丛书突出了两大特点：一是通俗易懂、注重实用，手册编写是有意把一些繁琐的原理分析去掉，直接将最实用的内容呈现在读者面前；二是专业独立、相互呼应，全套丛书共计16册，各册内容既相互关联，又相对独立，实际工作中可以根据工程和专业需要，选择一本或几本进行参考使用，为一线工程技术人员使用本手册提供最大的便利。

《水利水电工程施工实用手册》丛书涵盖以下内容：

1)工程识图与施工测量；2)建筑材料与检测；3)地基与基础处理工程施工；4)灌浆工程施工；5)混凝土防渗墙工程施工；6)土石方开挖工程施工；7)砌体工程施工；8)土石坝工程施工；9)混凝土面板堆石坝工程施工；10)堤防工程施工；11)疏浚与吹填工程施工；12)钢筋工程施工；13)模板工程施工；14)混凝土工程施工；15)金属结构制造与安装(上、下册)；16)机电设备安装。

在这套丛书编写和审稿过程中，我们遵循以下原则和要求对技术内容进行编写和审核：

1)各册的技术内容，要求符合现行国家或行业标准与技术规范。对于国内外先进施工技术，一般要经过国内工程实践证明实用可行，方可纳入。

2)以专业分类为纲，施工工序为目，各册、章、节格式基本保持一致，尽量做到简明化、数据化、表格化和图示化。对于技术内容，求对不求全，求准不求多，求实用不求系统，突出丛书的实用性。

3)为保持各册内容相对独立、完整，各册之间允许有部分内容重叠，但本册内应避免出现重复。

4)尽量反映近年来国内外水利水电施工领域的新技术、新工艺、新材料、新设备和科技创新成果，以便工程技术人员参考应用。

参加本套丛书编写的多为施工单位的一线工程技术人员，还有设计、科研单位和部分大专院校的专家、教授，参与审核的多为水利水电行业内有丰富施工经验的知名人士，全体参编人员和审核专家都付出了辛勤的劳动和智慧，在此一并表示感谢！在丛书的编写过程中，武汉大学水利水电学院的申明亮、朱传云教授，三峡大学水利与环境学院周宜红、赵春菊、孟永东教授，长江勘测规划设计研究院陈勇伦、李锋教授级高级工程师，黄河勘测规划设计有限公司孙胜利、李志明教授级高级工程师等，都对本书的编写提出了宝贵的意见，我们深表谢意！

中国水利工程协会组织并主持了本套丛书的审定工作，有关领导给予了大力支持，特邀专家们也都提出了修改意见和指导性建议，在此表示衷心感谢！

由于水利水电施工技术和工艺正在不断地进步和提高，而编写人员所收集、掌握的资料和专业技术水平毕竟有限，书中难免有很多不妥之处乃至错误，恳请广大的读者、专家和工程技术人员不吝指正，以便再版时增补订正。

让我们不忘初心，继续前行，携手共创水利水电工程建设事业美好明天！

《水利水电工程施工实用手册》编委会

2017年10月12日

目 录

第一章

混凝土面板堆石坝基本知识

混凝土面板堆石坝是以堆石料或砂砾石料分层碾压填筑、主要以混凝土面板作上游防渗体的一种土石坝。现代混凝土面板堆石坝的发展过程大体可分为三个时期：1850—1940年为抛填堆石坝时期，坝体采用木面板、钢面板及钢筋混凝土面板防渗；1940—1965年为抛填堆石坝到碾压堆石坝的过渡时期；1965年以后是推广应用碾压堆石坝的时期。我国混凝土面板堆石坝筑坝起步较晚，大体分为三个阶段，1985—1990年为我国混凝土面板堆石坝技术的引进消化阶段，1991—2000年为自主创新阶段，2000年至今为突破发展阶段。而今我国混凝土面板堆石坝最大坝高已经突破200m向300m迈进，150m级高坝筑坝技术日益成熟，取得200m级高坝筑坝全套技术，坝体变形控制和面板防裂取得良好效果，筑坝水平跃居世界前列。随着科学技术的不断发展，大型振动碾的出现，使堆石体填筑密度明显提高，变形减小，渗水减少，筑坝材料的选用范围也有所扩大，且安全性、经济性、适应性俱佳，因此成为一种富有竞争力的新坝型。

混凝土面板堆石坝按其高度可分为低坝、中坝和高坝。根据现行行业标准《碾压式土石坝设计规范》(SL 274—2001)及《混凝土面板堆石坝设计规范》(SL 228—2013)的规定，高度30m以下为低坝，高度30～70m为中坝，高度70m及以上为高坝。根据现行行业标准《碾压式土石坝设计规范》(DL/T 5395—2007)及《混凝土面板堆石坝设计规范》(DL/T 5016—2011)的规定，高度30m以下为低坝、高度30～100m为中坝，高度100m及以上为高坝。土石坝的坝高应从坝体防渗体(不含混凝土防渗墙、灌浆帷幕、截水槽等坝基防渗设施)底部或坝轴线部位的建基面算至坝顶(不含防浪墙),取其大者。

第一节 混凝土面板堆石坝的特征与施工特点

一、混凝土面板堆石坝的主要特征

混凝土面板堆石坝在技术上和经济上均具有一定优势。

1. 安全性

(1) 抗滑稳定性。在坚硬的岩基或密实砂砾石层上建造的混凝土面板堆石坝,都具有良好的抗滑稳定性。由于整个堆石体都位于水荷载的下游,与作用在面板上的水荷载的垂直分量一起,抵抗作用在面板上的水荷载的水平分量。对1∶1.3的上游坝坡来说,水荷载的垂直重量与水平推力之比将大于6∶1,水荷载也将传到坝轴线上游的坝基上,因此发生倾覆和水平滑动的可能性是很小的。我国已建的坝高在100m以上的混凝土面板堆石坝,上游坝坡多为1∶1.4。

(2) 抗渗稳定性。由于堆石是非冲蚀性材料,在有渗透水流通过时,因细颗粒被带走而发生类似土体的管涌等渗透破坏问题可能性很小,因此其渗透基本稳定。特别是碾压堆石,其本身密实度高,粗粒组成的骨架比较稳定,其细粒含量远不能填满粗粒间的孔隙,即使有游离的细粒被带走或在粗粒孔隙内移动的现象,基本不影响骨架的稳定性,也不会因此产生较大变形。

(3) 抗震性能。根据混凝土面板堆石坝的结构及实际震害情况,国内外坝工界的专家认为碾压式混凝土面板堆石坝具有良好的抗震性能,不论在强地震区还是非地震区,都可以采用同样的设计。其主要依据是:由于混凝土面板堆石坝的整个堆石体都是干燥区,因此不会因地震而产生附加的孔隙水压力,而降低堆石抗剪强度和整体稳定性。由于碾压堆石已达到密实状态,地震只能使坝体产生较小的永久变形量,是混凝土面板堆石坝可以承受的。在非常强烈的地震作用下，混凝土面板可能开裂，而引起渗流量增加，但通过面板裂缝及垫层区的渗流量很容易通过主堆石体排泄，不至威胁到大坝的整体稳定。

(4) 变形特性。为减小坝体变形对混凝土面板应力的不利影响，面板浇筑时要保证上游堆石体有一定的预沉降时间以使堆石坝体的变形基本稳定，通过高坝的预沉降时间为4～6个月，或以上游堆石区沉降标点的月沉降量小于3～5mm作为变形稳定的判别标准。从混凝土面板堆石坝的运行实践来看，现代碾压堆石坝体的变形量不大，而且稳定得快。除了极少数工程外，一般混凝土面板堆石坝在施工期可完成绝大部分沉降变形，剩余值也在蓄水后头3年基本完成。

2. 经济性

(1) 与混凝土坝比较。通常在狭窄河谷内修建100～150m的高坝，不同坝型的坝体体积大致有一个比例关系。如以混凝土面板堆石坝的体积为1，则混凝土重力坝约为1/2.7，薄拱坝为1/10～1/14，因此其经济性将取决于彼此的工程单价之比。如两者单价之比为1∶15左右时，拱坝与混凝土面板堆石坝将具有相似的竞争力。

(2) 与心墙堆石坝比较。混凝土面板堆石坝是所有土石坝型中断面最小的一种，坝体填筑量约可比其他土石坝减少40%～50%，因而也是相对经济的。而且混凝土面板堆石坝坝坡陡、底宽小，可相应减少泄水、输水建筑物长度，使枢纽布置更为紧凑。混凝土面板堆石坝可以少用或不用防渗土料，从而可少占耕地。

混凝土面板堆石坝可以利用未完成的部分坝体直接挡水或过水度汛，从而施工导流和度汛得到简化，并保证坝体施工期的安全。混凝土面板堆石坝各个施工工序，如趾板施工、灌浆施工、坝体填筑、面板浇筑等，均可独立进行，互不干扰。坝体料物品种不多，都是全天然材料，堆石体内部及坡面均可根据需要留施工道路及灵活分块分缝。而土质心墙施工则要受气候条件影响。因此混凝土面板堆石坝更有利于提高施工强度和质量，实现快速施工，在提前发电工期和总工期方面占有优势。混凝土面板堆石坝还便于对坝体未竣工前提前蓄水受益作出安排，对坝体后期的加高十分方便，可以实现分期施工。

(3) 与沥青混凝土面板堆石坝比较。混凝土面板堆石坝断面比沥青混凝土面板堆石坝小，前者的上游坝坡一般1∶1.3～1∶1.4，后者至少需要1∶1.7。前者施工都可采用通用机具，而后者则需专门的机具设备，而且施工时的环境条件较差，国产高品位的沥青不多，抗老化性能不及水泥混凝土。因此在一般情况下，前者在经济和技术上都有一定优势。但沥青混凝土面板堆石坝具有防渗性能好，适应变形能力强，维修方便等优点，也有其实用价值。

3. 适应性

混凝土面板堆石坝对坝址地形、地质、气候及各种类型的工程都有较好的适应性，使这种坝型具有广泛的应用领域。

混凝土面板堆石坝对各种河谷地带有较强的适应性。在已建成的混凝土面板堆石坝中，既有位于峡谷地区的，也有位于宽阔河谷的。随着技术的进步，有些原来不利于建坝的地形条件，可以改造成适合建混凝土面板堆石坝。当没有合适的布置岸边溢洪道的位置时，对坝高较小、流量不大的河流还可采用坝面布置泄洪道的方案。

混凝土面板堆石坝对坝址地质条件也有较强的适应性。过去曾对趾板地基的要求是坚硬的、不冲蚀的、可灌浆的基岩，而现在这种经典的提法已被突破，国内外已有一些混凝土面板堆石坝工程的趾板地基为强风化岩石、砂砾石覆盖层、残积土等，经过地基处理符合工程要求后即可安全运行。

混凝土面板堆石坝还可适用于扩建加高及分期施工。

综上所述，混凝土面板堆石坝与其他坝型相比有如下特点：

(1) 就地取材，在经济上有较大优越性。

(2) 施工度汛问题比土坝较为容易解决。

(3) 对地形地质和自然条件适应性较混凝土坝强。

(4) 方便机械化施工，有利于加快施工工期。

(5) 坝身不能泄洪，一般需另设泄洪和导流设施。

二、混凝土面板堆石坝的施工特点

(1) 堆石坝体在采取保护情况下能直接挡水或过水，简化施工导流与度汛。堆石坝体采用分区填筑，面板背面设具有反滤作用的垫层、过渡层。过渡层后面是透水性很强的主堆石区、次堆石区及下游堆石区。这种特殊的分区结构，使堆石坝体在没有浇筑面板而有保护的情况下能直接挡水或经适当保护后过水，且能保证坝体的安全。

混凝土面板堆石坝的这一优点极大地方便了施工导流。因为可以允许坝体本身挡水，施工中只需填筑一个较低的上游围堰，便可进行河床段趾板的施工与灌浆。坝体上游部分完成的堆石，在没有浇筑面板的条件下、能够用来暂时挡水，在下游坝坡铺设钢筋网或铺盖特大块石等措施后还可以过水。在决定坝体挡水时，为使风险减小到最低的程度，可填筑一个临时断面，使坝体的上游部分在枯水季节上升到规定的脱险高程，从而简化了坝体施工导流度汛的工程措施，加快了施工进度，降低了临时工程费用。由于具有这一优越性，在坝型选择中，混凝土面板堆石坝更具有竞争力。

(2) 混凝土面板堆石坝所需施工机械及工艺流程简单，采用现代大型土石方机械施工，坝体填筑强度可达 100 万 m^3/月，一般也可达 50 万～70 万 m^3/月，施工干扰少。由于其具备快速施工条件，发电工期和总工期都可缩短，即可为工程提前受益创造有利条件。如考虑贷款利息、物价上涨等因素，从动态投资看快速施工的收益更大。

(3) 作为混凝土面板堆石坝主体的堆石体的石料，可以是爆破开采的石料，也可以是天然砂石料，均可就地取材，从而大量节省水泥、钢材、木材等外来材料，除降低造价外，还可以减少场外运输量，受材料供应和运输等条件的制约较小，便于快速施工。

(4) 趾板和灌浆施工可在堆石坝体外进行，可减少坝体填筑对施工进度的影响。

(5) 混凝土面板堆石坝由混凝土面板和堆石体组成。从施工工序看，高度在 75m 以下的坝，绝大多数是先将堆石体填筑到顶后，再浇筑混凝土面板；对于更高的坝，可以根据施工情况和投资情况分二期甚至三期施工，即堆石体在填筑到一定高程后浇筑面板，此时的坝体可以先挡水度汛，然后再施工后续堆石体和面板。

(6) 混凝土面板堆石坝还对不同坝址气候条件具有较强的适应性。在多雨地区，心墙堆石坝的心墙挖运和填筑受降雨影响较大，不能全年施工，而混凝土面板堆石坝则可不受限制，堆石可以连续施工，不受降雨影响。

(7) 堆石填筑及面板滑模混凝土浇筑施工程序简单，加上大型机械的配合，施工进度有保障。

(8) 混凝土面板位于大坝上游面，即使出现一些裂缝和渗漏，也比较容易检查和维修，可以在不放空水库的条件下，利用水下电视或潜水作业。不少工程实践证明，向位于水下的面板渗漏点铺撒粉砂、煤渣等，可以有效地减少渗漏；必要时也可以在面板表层覆盖橡胶板等，防止面板渗漏。如出现严重渗漏，也可以放空水库全面维修，经防渗处理后的大坝仍能正常运行。

第二节　混凝土面板堆石坝分类及构造

一、混凝土面板堆石坝的分类

混凝土面板堆石坝按组成坝体材料的不同特性可分为：硬岩堆石坝、软岩堆石坝、砂砾石坝和堆石、砂砾石组合坝等。一般以岩石饱和无侧限抗压强度大于(含等于)或小于30MPa 作为硬岩和软岩的分界。不同料的坝的设计和施工的技术要求有所不同。本书中所提到的面板坝均为混凝土面板堆石坝。

二、混凝土面板堆石坝的构造与坝料分区

1. 混凝土面板堆石坝枢纽布置

以混凝土面板堆石坝为主要挡水建筑物的枢纽工程，其

主要建筑物一般包括混凝土面板堆石坝、溢洪道或泄洪隧洞、导流隧洞、放空洞、发电厂房系统等。图 1-1 为天生桥一级水电站混凝土面板堆石坝枢纽布置。

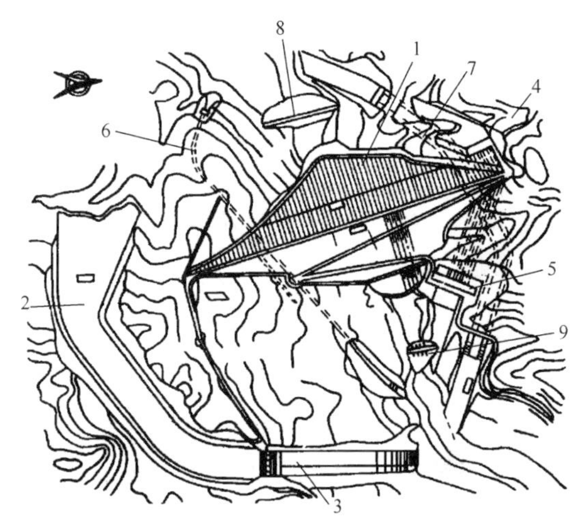

图 1-1 天生桥一级水电站混凝土面板堆石坝枢纽布置

1 混凝土面板堆石坝；2—溢洪道引渠；3—溢流堰；4—水电站进口；5—主厂房；6—放空洞；7—导流隧洞；8—上游围堰；9—下游围堰

(1) 坝轴线选择。混凝土面板堆石坝的坝轴线选择，既要考虑坝址的地形地质条件，又要考虑混凝土面板堆石坝的特点，且有利于其他建筑物的布置。重点是一方面要选择较理想的趾板线位置，使趾板地基尽量置于坚硬、非冲蚀性和可灌性较好的岩基上，尽量避开断裂发育、强烈风化、夹泥、岩溶等不利地质因素，使趾板开挖量和趾板地基处理工作量减少。另一方面要选择有利的地形，使坝轴线采用直线型式，并尽可能与河道正交，以节省坝体工程量和方便施工。

(2) 泄洪建筑物。混凝土面板堆石坝枢纽工程通常以开敞式溢洪道为主要泄洪建筑物，其优点是运行可靠、超泄能力大；当布置开敞式溢洪道有困难时，也可采用进口为开敞式溢流，后接泄洪隧洞的方式。由于混凝土面板堆石坝，尤其是高混凝土面板堆石坝一般不容许水流漫顶，可以采用隧洞作为泄洪建筑物。对于中小型工程，当泄洪流量不太大，且开挖溢洪道有困难时，也可在坝顶设置溢洪道，以较经济地解决泄洪问题。

(3) 放空洞。放空洞的设置主要是为了混凝土面板堆石坝发生大量变形和渗漏问题时，能很快放空水库或降低水库水位进行处理。放空洞还可兼作混凝土面板堆石坝施工和运行期的导流、泄水建筑物。

(4) 发电厂房系统。混凝土面板堆石坝枢纽工程发电厂房的布置型式主要有坝后式、河岸式和地下式，主要根据地形地质条件进行选择。

2. 坝体构造与坝料分区

坝体主要是堆石结构。良好的堆石材料，可减少堆石体的变形，为面板正常工作创造条件，是坝体安全运行的基础。堆石体的边坡取决于填筑石料的特性与荷载大小，对于优质石料，坝坡可采用1∶1.3～1∶1.4。对于品质良好的天然砂砾石料可采用1∶1.5～1∶1.6，软岩或建在软基上的工程坝体坝坡应由计算确定。坝体部位不同，受力状况不同，对填筑材料的要求也不同，所以应对坝体进行分区。堆石坝坝体分区主要有混凝土面板、垫层区、过渡区、主堆石区、下游堆石区(次堆石料区)等，如图1-2、图1-3所示；以及堆石坝趾板，如图1-4所示。

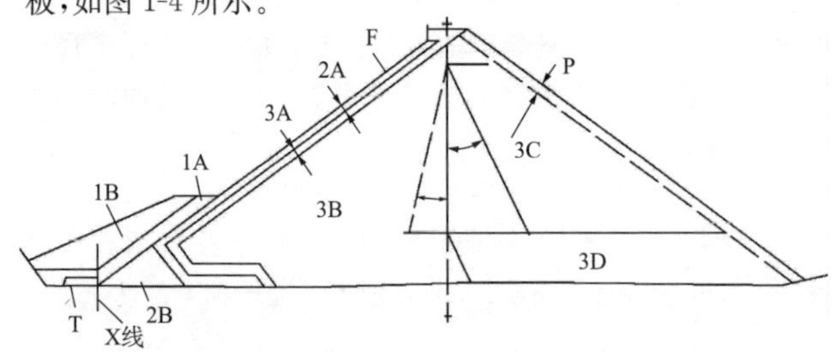

图1-2　硬岩堆石坝体分区示意图

1A—上游铺盖区；1B—盖重区；2A—垫层区；2B—特殊垫层区；
3A—过渡区；3B—主堆石区；3C—下游堆石区；3D—排水区；
P—下游护坡；F—面板；T—趾板；X—趾板基准线

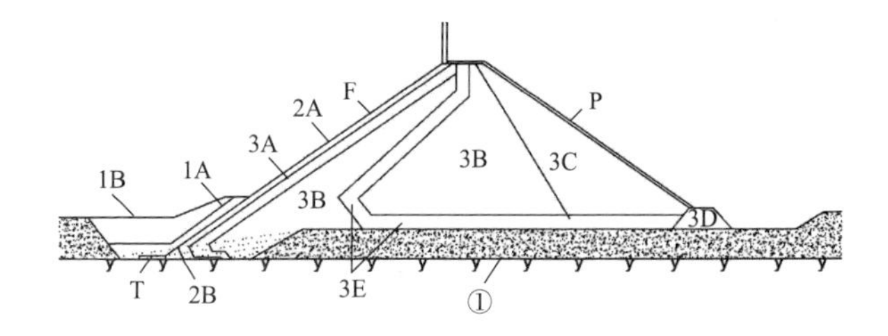

图 1-3　砂砾石坝体材料主要分区示意图

1A—上游铺盖区；1B—盖重区；2A—垫层区；2B—特殊垫层区；
3A—过渡区；3B—主堆石(砂砾石)区；3C—下游堆石(砂砾石)区；
3D—排水区；3E—排水棱体(或抛石区)；P—下游护坡；F—混凝土面板；
T—混凝土趾板；①—坝基覆盖层

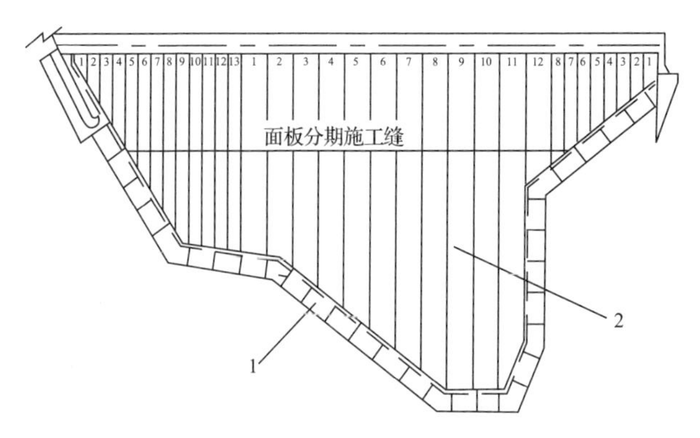

图 1-4　混凝土面板堆石坝趾板、面板示意图

1—趾板；2—面板

3. 基本名词术语及作用

(1) 坝高：从趾板最低建基面算起到坝顶路面(不含预留沉降超高)之间的高度。对于修建在斜坡地基上的坝，可从坝轴线处最低的建基高程起算坝高，同时加以注明。

(2) 堆石坝体：面板下游用不同粗细材料分区填筑的坝体统称。

(3) 垫层区：面板的直接支承体，向堆石体均匀传递水压力，并起渗流控制作用。

(4) 挤压边墙：将水泥、砂石混合料（最大粒径不宜超过20mm）、外加剂等加水拌和均匀，采用挤压成型的工艺施工而成的墙体。

(5) 特殊垫层区：也称小区料，位于周边缝下游侧垫层区内，对周边缝及其附近面板上的堵缝材料起反滤作用，如图 1-5 所示。

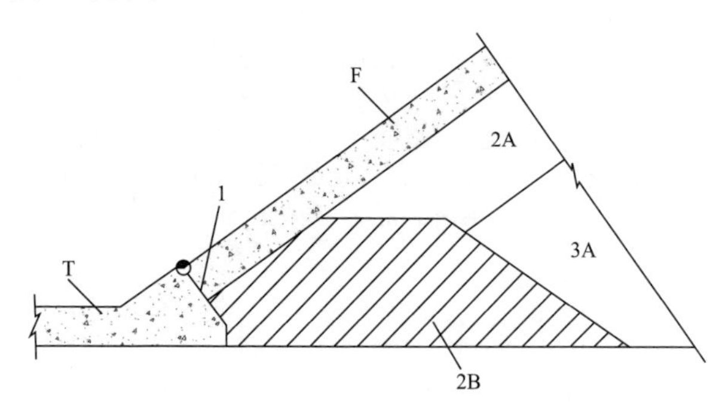

图 1-5　特殊垫层区示意图

2A—垫层区；2B　特殊垫层区；3A—过渡区；T—混凝土趾板；F—混凝土面板；1—周边缝

(6) 过渡区：位于垫层区和堆石区之间，保护垫层并共同起渗流控制作用，水平宽度不应小于 3m。

(7) 上游堆石区：位于上游部分的堆石坝体，是承受水荷载的主要支撑体，应满足抗剪强度高、压缩性低和透水性强的要求。

(8) 下游堆石区：位于下游部分的堆石坝体，与上游堆石区共同保持坝体稳定，该区承受水荷载很小，其压缩性对面板变形影响较小，可采用强度较低的石料。

(9) 排水区：在砂砾石或软岩堆石坝体内设置的用强透水堆（砾）石填筑而成的竖向排水体及水平排水体。

(10) 下游护坡：下游坡面上的大块石砌体。

(11) 上游铺盖区：填筑在面板、趾板和周边缝顶部的低液限粉土或类似的其他材料，起辅助渗流控制作用。

(12) 盖重区：覆盖在上游铺盖区上的渣料，维持上游铺盖区的稳定。

(13) 混凝土面板:位于堆石坝体上游面的混凝土防渗结构。要求具有较高的耐久性、抗渗性、抗裂性和施工和易性。高混凝土面板堆石坝面板的顶部厚度宜取 0.3m,并向底部逐渐增加。

(14) 趾板:连接地基防渗体和面板的混凝土板,有平趾板、窄趾板、斜趾板等。趾板的主要作用是保证混凝土面板与地基的不透水连接,提供基础灌浆用的压帽,同时作为面板底端的支承和面板滑模施工的起始点。趾板宜建在坚硬、不冲蚀和可灌浆的弱风化至新鲜基岩上。对于强风化或有地质缺陷的基岩,则要进行专门处理,以消除被冲蚀的可能性。中低坝的趾板可置于砂砾石地基上,高坝应经过专门论证。趾板的宽度可根据趾板下基岩的允许水力梯度和地基处理措施确定,其最小宽度为 3m。趾板的厚度可小于相连接的面板厚度,但不小于 0.3m。

(15) 趾板基准线(X 线):面板底面延长面与趾板设计建基面的交线,如图 1-6 所示。

(16) 趾板基准线(Y 线):面板底面与趾板下游面的交线,如图 1-6 所示。

(17) 趾墙:布置在趾板线上和面板连接的混凝土挡墙。

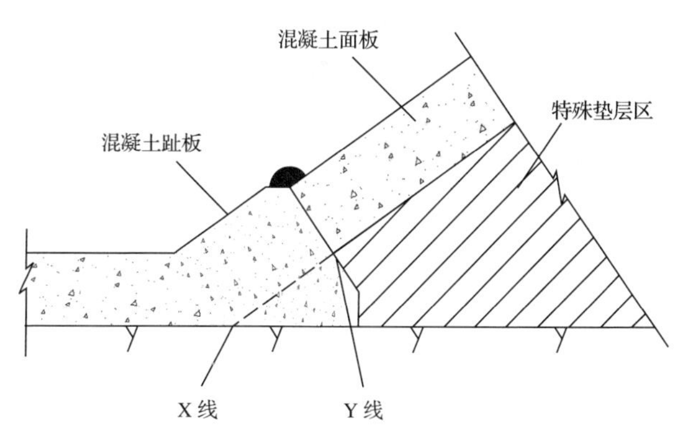

图 1-6　趾板基准线示意图

(18) 坝基混凝土防渗墙：坝基内用于防渗的混凝土结构。

(19) 下游混凝土防渗板：趾板下游坝基表面用于延长渗径、减小基础水力梯度的钢筋混凝土或钢筋网喷混凝土板。

(20) 混凝土连接板：趾板建在覆盖层上时，为适应坝基变形在趾板和坝基防渗墙之间设置的混凝土结构。

(21) 防浪墙：位于坝顶并与面板顶部连接的混凝土防浪挡墙。可节省一部分堆石工程量。其布置型式如图 1-7 所示。防浪墙多采用 L 型，这种型式便于设计、施工和运行。其高度一般为 4～6m，墙顶高于坝顶 1.0～1.2m。

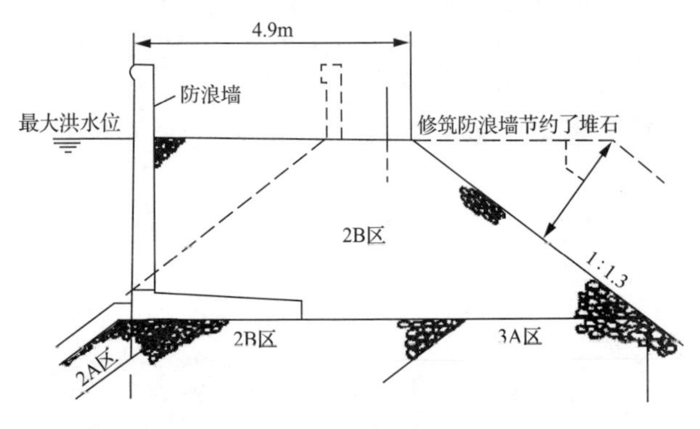

图 1-7　坝顶防浪墙布置

(22) 周边缝：面板与趾板或趾墙之间的接缝。

(23) 垂直缝：面板条块之间的竖向接缝。

(24) 塑性填料：由沥青、橡胶和填充料配制而成并用于止水的柔性材料。

(25) 硬质岩：饱和无侧限抗压强度大于等于 30MPa 的岩石。

(26) 软质岩：饱和无侧限抗压强度小于 30MPa 的岩石。

(27) 增模区：堆石区内专门设置的压缩模量比相邻堆石区压缩模量大的区域。

第三节 混凝土面板堆石坝导截流工程

导截流工程与安全度汛是混凝土面板堆石坝施工方案的重要组成部分，通常包括围堰挡水的早期导流、坝体挡水的中期导流及导流泄水建筑物封堵后的后期导流等三个阶段。实际上，混凝土面板堆石坝工程的施工导流与整个工程的施工分期和总进度计划密切相关。

一、混凝土面板堆石坝导流工程

1. 导流标准

混凝土面板堆石坝施工的各期导流与度汛，包括导流建筑物等级划分和洪水标准、坝体施工期围堰挡水与坝体挡水度汛洪水标准、导流建筑物封堵后坝体度汛洪水标准，应按现行行业标准《水利水电工程施工组织设计规范》(SL 303—2004)或《水电工程施工组织设计规范》(DL/T 5397—2007)的有关规定执行。

导流建筑物一般为3～5级，早期导流时，土石围堰的防洪标准分别按50～20年一遇、20～10年一遇、10～5年一遇的洪水确定。若截流后第一个汛期采用坝体挡水，则围堰可按同一导流标准的枯水期洪水设计。过水围堰的防洪标准，应根据工程初期混凝土面板堆石坝基础处理及河床段趾板施工的需要，一般采用30～20年一遇枯水期洪水为导流标准。

坝体挡水的中期导流标准根据拦洪库容大小确定，当拦洪库容超过1亿m^3时，导流标准应大于100年一遇的洪水；导流泄水建筑物安全封墙后，坝体挡水的后期导流标准由大坝级别确定。若混凝土面板堆石坝的级别在2级以上，则导流标准为200～100年一遇及500～200年一遇。坝体过水的泄水标准一般按20年一遇或30年一遇洪水防护。

2. 混凝土面板堆石坝的导流与度汛方式

应根据水文、气象、地形、地质及施工条件进行选择。在河谷狭窄、两岸岩石坚实的坝址上修建土石坝时，大多采用一次断流和隧洞导流方式，这可以大幅度地提高坝体施工进度。而对于大流量的河流，当隧洞断面较大、洞身过长甚至要建造数条隧洞方能满足泄量时，隧洞导流方式的施工导流费用会比其他方式提高，而且包括隧洞施工在内，会使整个施工工期加长。在后一种情况下，则常采用其他方案，如建过水围堰，允许基坑淹没，或与其他泄水建筑物联合泄洪等方案。考虑到隧洞的造价较贵，施工技术也较复杂，通常都要求导流洞与永久泄水建筑物相结合。

(1) 隧洞导流、一次断流的导流度汛方式。混凝土面板堆石坝工程一般宜优先采用隧洞导流、一次断流的导流度汛方式。具体有 3 种方案。

1) 高围堰挡水、导流隧洞过水度汛方案。在条件适宜时，采用高围堰挡水、导流隧洞过水方案，可争取基坑全年施工的条件，对缩短工期有利。但这种方案，会大大增加导流工程量和投资，因此必须经过技术和经济论证。

2) 导流隧洞过水、坝体挡水度汛方案。该方案采用低围堰挡水，导流隧洞导流，围堰一般按 10 年一遇或 20 年一遇枯水期流量的导流标准设计。坝体全断面或临时断面在一个枯水期内填到度汛水位以上挡水度汛。这是最能体现混凝土面板堆石坝特点、最为经济可靠的导流度汛方案，应作为混凝土面板堆石坝工程导流度汛的首选方案，实际上也是国内混凝土面板堆石坝工程最常用的方案。

由于要在一个枯水期内将坝体填筑到度汛高程，施工强度高，需采取有效措施促其实现。

3) 导流隧洞和坝体同时过流度汛方案。该方案的特点是在截流后的第一个汛期由导流隧洞与堆石坝体联合过水，第二个汛期利用坝体挡水度汛。适用于坝体填筑在一个枯水期不能达到挡水度汛高程的情况。这种方案的过水围堰一般按 20 年一遇或 10 年一遇枯水期流量的导流标准设计，坝体过流保护则按 30 年一遇或 20 年一遇的洪水设防。具体有两种做法：

对峡谷地区或较小的河流，可采用挡水与过水相结合的方式，利用枯水期抢筑大坝堆石体，同时在下游坡面设置防冲固坡措施，达到截流后第一个汛期的度汛高程时为止。汛期过水时停止大坝填筑。

对较宽阔的河谷，可在大坝堆石体一定高程处留缺口过流，并对过流面及下游坡面加以保护，两岸或一岸在汛期仍继续填筑，汛后迅速将缺口抢筑至第二个汛期的度汛高程。国内采用这种导流度汛方案的典型实例有天生桥一级水电站混凝土面板堆石坝工程。该工程坝址河谷宽阔，1994 年年底截流后，第一个汛期利用原河床与导流洞共同过水，第二个汛期，河床部位坝体填筑到一定高程，并完成了坝面的过流保护，实现了导流洞与坝面同时过水度汛。汛期曾多次过水，两岸堆石体的填筑在汛期继续施工，为下一年挡水度汛创造条件。第三个汛期则采用坝体临时断面度汛。天生桥一级水电站混凝土面板堆石坝的坝面过流布置如图 1-8 所示。

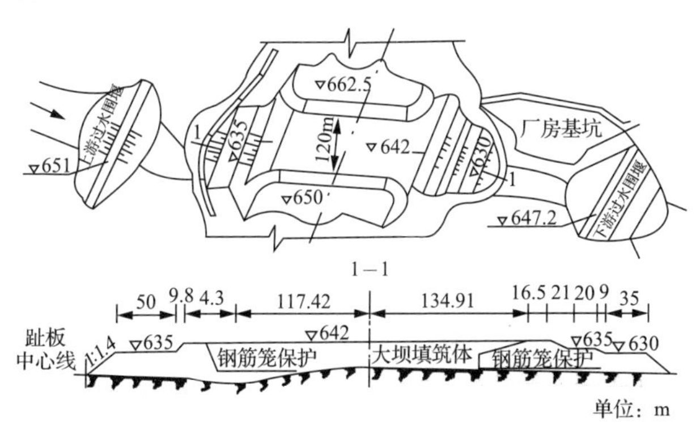

图 1-8　天生桥一级水电站混凝土面板堆石坝的坝面过流布置图

导流隧洞和坝体同时过流度汛方案比较安全，但要增加围堰和坝体过流保证措施的费用。以砂砾石填筑的坝体表面不得采用过水度汛方案。采用挡水度汛方案时，宜在汛前浇筑混凝土面板，或加强垫层上游坡面的防护措施。

（2）河床分期导流方式。在宽河谷、大流量的河道上修建混凝土面板堆石坝，可采用河床分期导流方式。这种导流方式并不需要修建纵向围堰，分期围护两岸基坑，而是在截流前将围堰及坝体堆石从一岸或两岸向河床方向进占，缩窄河床后作为泄水通道，度过第一个汛期，汛后截流时，只需将龙口段堆石体抢筑至度汛高程即可。如岸边有滩地或阶地可以在枯水期先行填筑部分堆石体，利用原河床导流，在适当时间截流后，将河床段堆石体抢填至度汛高程，也是分期导流的一种形式。

3. 导流建筑物施工

混凝土面板堆石坝工程的导流建筑物主要包括导流隧洞和上、下游围堰，而围堰根据导流度汛方案的不同又分为挡水围堰和过水围堰。其中过水围堰较能体现混凝土面板堆石坝工程的特点，在此着重介绍过水围堰施工。

(1) 土石过水围堰的结构型式。当混凝土面板堆石坝工程采用坝体过水的导流度汛方案时，上、下游围堰均设计成过水围堰，其结构型式宜优先采用土石围堰。在岩基或覆盖层较浅的地基上，且围堰与坝体间距离较近时，也可采用混凝土或碾压混凝土围堰。

采用土石过水围堰时，要对堰体稳定、过水流态特性、流速、破坏规律、过水防护措施等进行详细设计，重要工程的应通过水力学模型试验论证。图 1-9 为天生桥一级电站下游围堰结构图。

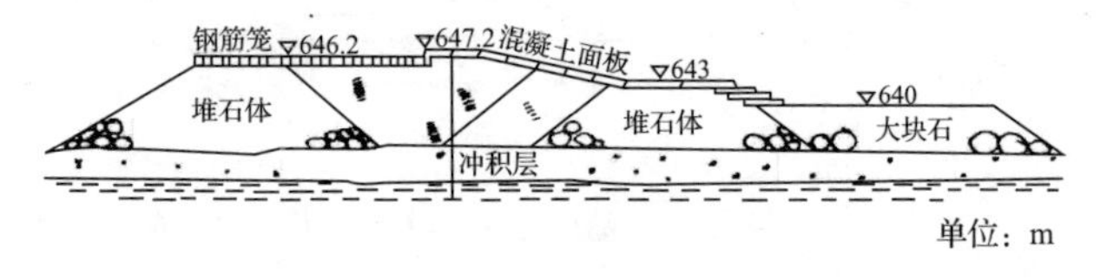

图 1-9　天生桥一级电站下游围堰结构图

(2) 土石围堰的防渗处理。围堰填筑前应进行围堰地基及两岸连接部位的清理。对透水地基应进行防渗处理，做好地基防渗体与堰体防渗体的可靠连接。在覆盖层较深的地基上修建土石围堰，宜优先选用垂直防渗体处理地基覆盖层，可将围堰填筑至一定高程后施工垂直防渗体，防渗结构一般可采用混凝土防渗墙或高喷板墙。上部堰体可采用心墙或斜墙等防渗型式。

(3) 堰面过水保护施工。与挡水土石围堰相比，土石过水围堰需要在堰顶、下游坡面等过流面采取过流保护措施，一般可设置钢筋混凝土面板、钢筋石笼、混凝土楔形块护面，且在下游坡面设置一定宽度的消能平台，下游坡脚可采用钢筋石笼、大块石或碾压混凝土保护。

堰面及消能平台设置的钢筋混凝土板厚度一般为1～1.5m，混凝土强度等级为C20，采用二级配。模板可采用组合钢模，跳仓分层浇筑。混凝土入仓方式可采用吊罐配轮胎吊入仓，也可采用反铲转料入仓或其他方式。

在水平面或坡面铺设的钢筋石笼，可用钢筋网整体联结固定。在围堰下游坡面采用钢筋石笼砌筑护坡时，需在钢筋石笼施工前进行修坡处理，上、下层钢筋笼要求错缝码稳，钢筋石笼之间用短钢筋焊接，以增强钢筋石笼的整体稳定。

(4) 坝面防护措施。采用坝体过水度汛方案时，应对下游坝坡及部分坝面进行过水防护。防护的方法包括大块石护坡、钢筋石笼护坡、钢筋混凝土板护坡、加筋网护坡等。若坝体过水时的填筑高程低于下游围堰，且与下游围堰相连接，其防护措施则可简化。下游坝坡与坝后河床不需另设保护措施，坝面过水部分为碾压堆石体。

若采用第一个汛期在坝体一定高程处留缺口过流的度汛方案时，坝面保护的重点是泄槽进出口底部和裹头、两岸填筑体及下游坡面。泄槽中间段底板用块石保护，进出口底板钢筋笼保护。两岸边坡可用钢筋网保护，钢筋网用埋入填筑堆石体的锚筋固定。泄槽进出口边坡都可用钢筋笼裹头保护，填筑体与岸坡相接处用钢筋笼压脚。下游坡面用块石保护，坝坡脚用大块石护底。

二、混凝土面板堆石坝截流工程

当泄水建筑物完成时，抓住有利时机，迅速实现围堰合龙，迫使水流经泄水建筑物下泄，称为截流。

1. 截流时段的选择

截流时段的选择，不仅关系到截流流量的确定，而且影响整个工程的施工部署。截流时段宜选在河道枯水期较小流量时段。截流时段选择应考虑围堰施工工期，确保围堰安全度汛，也需要考虑对河流的综合利用影响最小。有冰凌的河道截流时段不宜在冰凌期截流。

2. 截流流量的选定

截流设计时所取的流量标准，是指某一确定的截流时间的截流设计流量。所以当截流时间确定以后，就可根据工程所在河道的水文、气象特征选择设计流量。通常可按重现期年法或结合水文气象预报修正法确定设计流量，一般可按工程重要程度选择截流时段重现期 5～10 年的月或旬的平均流量，也可用其他方法分析确定。

3. 截流方式

选择截流方式应充分分析水力学参数、施工条件和难度、抛投物数量和性质，并进行技术经济比较。截流方法有：单戗立堵截流，简单易行，辅助设备少，较经济，适用于截流落差不超过 3.5m，但龙口水流能量相对较大，流速较高，需制备重大抛投物料相对较多；双戗和多戗立堵截流，可分担总落差，改善截流难度，适用于截流落差大于 3.5m；建造浮桥或栈桥平堵截流，水力学条件相对较好，但造价高，技术复杂，一般不常选用；定向爆破、建闸等截流方式只有在条件特殊、充分论证后方宜选用。截流时，通常选用上游围堰实施，也可选择下游围堰。当流量和落差均较大时，也可上、下游围堰同时进占，下游围堰进占后可抬高水位减小上游围堰的落差，降低截流难度。

（1）立堵法。立堵法截流的施工过程是：先在河床的一侧或两侧向河床中填筑截流戗堤，即采用单向立堵或双向立堵，逐步缩窄河床，谓之进占；当河床束窄到一定的过水断面时即行停止（这个断面谓之龙口），对河床及龙口戗堤端部进行防冲加固（护底及裹头）；然后掌握时机封堵龙口，使戗堤合龙；最后为了解决戗堤的漏水，必须即时在戗堤迎水面设置防渗设施(闭气),如图 1-10 所示。所以整个截流过程包括进占、护底及裹头、合龙和闭气等项工作。截流之后,对戗堤加高培厚即修成围堰。

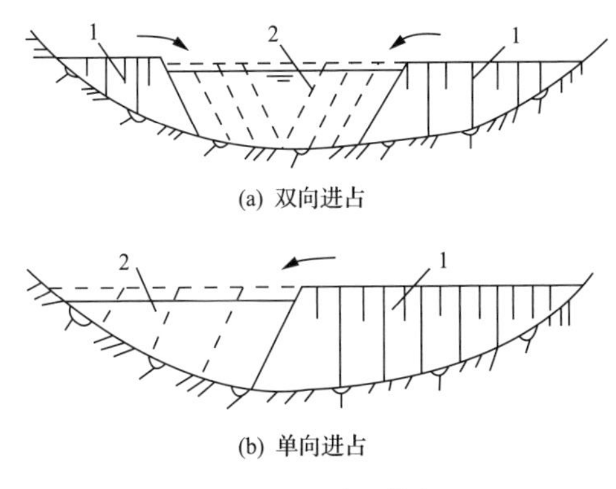

(a) 双向进占

(b) 单向进占

图 1-10 立堵法截流

1—截流戗堤;2—龙口

(2) 平堵法。如图 1-11 所示,平堵法截流是沿整个龙口宽度全线抛投,抛投料堆筑体全面上升,直至露出水面。为此,合龙前必须在龙口架设浮桥。由于它是沿龙口全宽均匀平层抛投,所以其单宽流量较小,出现的流速也较小,需要的单个抛投材料重量也较轻,抛投强度较大,施工速度较快,但有碍通航。

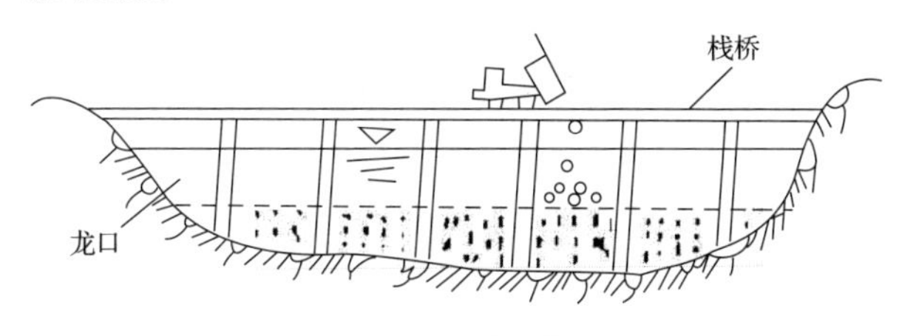

图 1-11 平堵法截流

在截流设计时,也可根据具体情况采用立堵与平堵相结合的截流方法,如先用立堵法进占,然后在龙口小范围内用平堵法截流;或先用船抛土石材料平堵法进占,然后再用立堵法截流。

4. 截流戗堤和龙口

(1) 戗堤轴线位置选择。通常截流戗堤是土石横向围堰的一部分,应结合围堰结构形式和围堰布置统一考虑。单戗截流的戗堤可布置在上游围堰或下游围堰中非防渗体的位置。如果戗堤靠近防渗体,在二者之间应留足闭气料或过渡带的厚度,同时应防止合龙时的流失料进入防渗体部位,以免在防渗体底部形成集中漏水通道。为了在合龙后能迅速闭气并进行基坑抽水,一般情况下将单戗堤布置在上游围堰内。

当采用双戗或多戗截流时,戗堤间距必须满足一定要求,才能发挥每条戗堤分担落差的作用。如果围堰底宽不太大,上、下游围堰间距也不太大时,可将两条戗堤分别布置在上、下游围堰内,大多数双戗截流工程都是这样做的。如果围堰底宽很大,上、下游间距也很大,可考虑将双戗布置在一个围堰内。当采用多戗时,一个围堰内通常也需布置两条戗堤,此时,两戗堤间均应有适当间距。

在采用土石围堰的一般情况下,均将截流戗堤布置在围堰范围内。但是也有戗堤不与围堰相结合的,戗堤轴线位置选择应与龙口位置相一致。如果围堰所在处的地质、地形条件不利于布置戗堤和龙口,而戗堤工程量又很小,则可能将截流戗堤布置在围堰以外。龚咀工程的截流戗堤就布置在上、下游围堰之间,而不与围堰相结合。由于这种戗堤多数均需拆除,因此,采用这种布置时应有专门论证。

平堵截流戗堤轴线的位置,应考虑便于抛石桥的架设。

(2) 龙口位置选择。选择龙口位置时,应着重考虑地质、地形条件及水力条件,从地质条件来看,龙口应尽量选在河床抗冲刷能力强的地方,如岩基裸露或覆盖层较薄处,这样可避免合龙过程中的过大冲刷,防止戗堤突然坍方失事。从地形条件来看,龙口河底不宜有顺流向陡坡和深坑。如果龙口能选在底部基岩面粗糙、参差不齐的地方,则有利于抛投料的稳定。另外，龙口周围应有比较宽阔的场地，离料场和特殊截流材料堆场的距离近，便于布置交通道路和组织高强度施工，这一点也是十分重要的。从水力条件来看，对于有通航要求的河流，预留龙口一般均布置在深槽主航道处，有利于合龙前的通航。至于对龙口的上下游水流条件的要求，以往的工程设计中有两种不同的见解：一种是认为龙口应布置在浅滩，并尽量造成水流进出龙口的折冲和碰撞，以增大附加壅水作用；另一种见解是认为进出龙口的水流应平直顺畅，因此可将龙口设在深槽中。实际上，这两种布置各有利弊，前者进口处的强烈侧向水流对戗堤端部抛投料的稳定不利，由龙口下泄的折冲水流易对下游河床和河岸造成冲刷。后者的主要问题是合龙段戗堤高度大，进占速度慢，而且深槽中水流集中，不易造成较好的分流条件。

(3) 龙口宽度。龙口宽度主要根据水力计算而定，对于通航河流，决定龙口宽度时应着重考虑通航要求，对于无通航要求的河流，主要考虑戗堤预进占所使用的材料及合龙工程量的大小。形成预留龙口前，通常均使用一般石渣进占，根据其抗冲流速可计算出相应的龙口宽度，另一方面，合龙是高强度施工，一般合龙时间不宜过长，工程量不宜过大。当此要求与预进占材料允许的束窄度有矛盾时，也可考虑提前使用部分大石块，或者尽量提前分流。

(4) 龙口护底。对于非岩基河床，当覆盖层较深，抗冲能力小，截流过程中为防止覆盖层被冲刷，一般在整个龙口部位或困难区段进行平抛护底，防止截流料物流失量过大。对于岩基河床，有时为了减轻截流难度，增大河床糙率，也抛投一些料物护底并形成拦石坎。计算最大块体时应按护底条件选择稳定系数 K。

5. 截流抛投材料

截流抛投材料主要有块石、石串、装石竹笼、帚捆、柴捆、土袋等。当截流水力条件较差时，还须采用人工块体，一般有四面体、六面体、四脚体及钢筋混凝土构件等，如图 1-12 所示。当截流流量和落差均较大时，可采用大型钢筋笼，需要时,可将多个钢筋笼串联后推入龙口,经多个大型工程实践,效果较好。

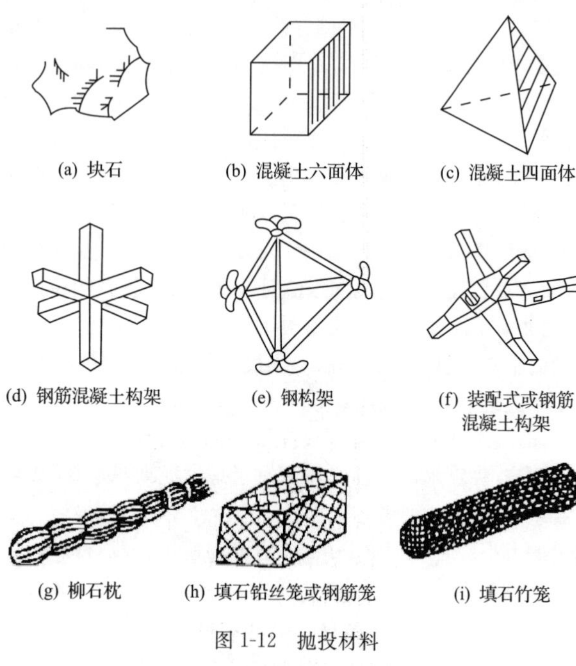

图 1-12　抛投材料

截流抛投材料选择原则如下:

(1) 预进占段填筑料尽可能利用开挖渣料和当地天然料。

(2) 龙口段抛投的大块石、石串或混凝土四面体等人工制备材料数量应慎重研究确定。

(3) 截流备料总量应根据截流料物堆存、运输条件、可能流失量及戗堤沉陷等因素综合分析,并留适当备用。

(4) 戗堤抛投物应具有较强的透水能力,且易于起吊运输。

现将一些常用的截流材料适宜流速的经验数据列于表 1-1,供参考。

表 1-1 截流材料适用流速 (单位：m/s)

截流材料	适用流速	截流材料	适用流速
土料	0.5～0.7	ϕ0.8m×6m 装石竹笼	3.5～4.0
20～30kg 块石	0.8～1.0	3000kg 重大石块或铅丝笼	3.5
50～70kg 块石	1.2～1.3	5000kg 重大石块或铅丝笼	4.5～5.5
袋土	1.5	12000～15000kg 混凝土四面体	7.2
ϕ0.5m×2m 装石竹笼	2.0	ϕ1.0m×15m 柴石枕	7～8
ϕ0.6m×4m 装石竹笼	2.5～3.0		

6. 截流施工

(1) 截流备料数量。截流备料是保证戗堤施工的必要条件。截流施工中，应充分考虑一切不利因素，争取有利结果。为此，国内外工程考虑到抛投料的流失，实际截流流量与设计流量及模型试验的差异，可能出现的较之模型试验不利的水力条件等，在备料数量上应有适当的安全储备，以免供料不及时而产生停工待料及影响截流等现象。

截流实践表明，影响备料数量的主要因素有戗堤实际抛投断面、抛投料流失量、覆盖层的冲刷量以及备料堆存和运输损耗量等。而实施中这些因素都存在很大变数，事先难以确定，所以对截流备料数量尚无法通过精确的公式计算拟定，主要按戗堤设计断面计算和水工模型试验值，再凭借施工实践经验，增加一定安全裕度。关于截流备料增加多大的安全裕度比较合适，国内外截流工程尚没有统一规定，一般增加 25%～50%，也有少数工程成倍增加备用量。因此，对大型截流工程，其备用数量应视工程的具体条件确定。

(2) 截流备料堆场。截流备料堆场布置应遵循因地制宜，尽量集中的原则。主要考虑块石料的来源、使用部位、场地平整和修建施工道路工作量，以及混凝土四面体预制施工方法等因素。尽量将戗堤龙口段抛投的块石和混凝土四面体堆放在距截流戗堤较近的场地，以缩短合龙时抛投车辆的运距，提高堤头进占抛投强度。

截流抛投料场的堆放面积，根据装载机械的技术可能性，按表 1-2 技术要求估计。

表 1-2　　　截流抛投料场的堆放技术要求

料物名称		技术要求	备注
块石	小、中石	堆放高度不小于 4～5m	用电铲或装载机装车
	大石	有条件时按单个一层堆放	用起重机装车
各型混凝土块、块石串、铁笼填石		按单个一层堆放，并计入制作应留间隙不小于 1m	装车方法与块石相同

不同物料分别堆放，其间应留施工机械运行车道，其宽度为 8～12m，或更大。

(3) 截流施工布置。截流工程施工布置，应根据截流施工方案，在绘有枢纽建筑物的地形图上，统筹安排各项施工临时设施的平面位置，主要包括：坝区内供应、加工截流抛投物料的有关设施；截流抛投材料的运输线路；截流材料贮存、转运场地；供电、供水、供风和通信等设施；现场施工指挥管理系统；各种生产设施及占用场地；其他设施。

(4) 截流施工机械设备。截流施工机械设备主要有：挖掘、装载机械，有单斗挖掘机、装载机、斗轮挖掘机等；运输机械，有自卸汽车等；铲运机械，如推土机等；起重机械，如吊车等；水上机械，如铲扬、驳船等。施工机械选择应该按照相关规范进行，并进行施工机械设备配置计算。在此不再赘述。

(5) 截流抛投技术。通过水力计算或模型试验，可以掌握截流过程中的水力特性变化规律，对于平堵而言，可根据其变化，抛投不同粒径的物料。对于立堵而言，可进一步研究水力特性的变化而采用不同的抛投技术，以改善截流条件。

在立堵进占过程中，随水力特性的变化，可划分为不同区段，就不同区段的特点，采用不同的抛投技术。随龙口的缩窄，按水力条件，可划分为明渠均匀流区段、淹没堰流区段、非淹没堰流区段和合龙区段。在明渠均匀流区段内，因无冲刷发生，可以不讲究抛投技术，而采用端部全部抛投齐头并进，以最大限度地利用抛投前沿工作面，此时抛投料多采用一般石渣。在淹没堰流区段，落差和流速均由较明显的增长，龙口过水能力基本符合淹没宽顶堰规律，在此区段，流速对抛投料的冲刷能力较前加剧，戗堤端坡出现流线形的冲刷面，为顺利进占，应根据流速或单宽能量的大小，合理选择抛投料粒径。一般来说，抛投重点应放在上游边线处，其他部位即可采用一般石料顺利进占。当进占遇到困难较大，下游侧回流淘刷，一般石料难以进占时，可采用上下游突出的方式。此时，先在上游侧抛投大块体料，将水流挑离戗堤，再用大块体料抛投下游侧，将落差分担在上下游侧。然后，再用一般石料在中间抛投，如此轮番交替抛投，可减少抛投料的流失，从而使戗堤得以有序更快地进占。在非淹没堰流区段，龙口水流收缩较大，落差有较大的增长，此时龙口过水能力取决于上游水深而与落差无关。为避免抛投料的大量流失，通常需采用重型岩块、石串和人工抛投料及其串体，重点抛投上挑角以及上下游突出进行。在条件许可时，可将戗堤进占方向转一角度偏向上游，以形成较大滞流区。如流速过大，可考虑采取其他人工措施，如设置拦石栅、拦石坎等。在合龙区段，戗堤坡脚已接触或接近龙口对岸，龙口流量与流速均有显著下降而落差却有较大增长，此时的水流特征基本上符合实用断面堰的规律，上游壅高较大而下游则流速较大。为避免一般石料大量流失，除采取拦石栅、拦石坎外，在上游侧抛投人工料例如四面体及大块石串等，使之在合龙河床上形成多级落差，这对改善截流条件，降低龙口流速作用很大。

第二章

坝基开挖与处理

坝基、趾板地基及岸坡处理应按隐蔽工程要求进行施工并检查验收。开挖及处理过程中应如实、准确地进行地质描绘、编录及整理。如发现新的地质问题,应及时报监理工程师研究处理。

第一节　坝基与岸坡开挖

一、坝基开挖施工程序

1. 开挖基本原则

坝基开挖通常分为岸坡和河床两部分,其程序是先挖岸坡后挖河床,前者一般不受洪水影响,后者需待截流后在围堰的围护下进行开挖。其具体的开挖程序和采用的导流方案有关,开挖基本原则:

(1) 坝基与岸坡施工应设置防渗及排水系统,使开挖、基础处理和其他施工作业在无积水条件下进行,并能有效地拦截各种地表和地下水流,防止冲刷边坡和垫层。

(2) 坝基与岸坡处理施工前,应提前处理坝体轮廓线以外影响施工的危岩、浮石等不稳定体。应辨识岸坡施工危险源,采取措施确保施工安全。

(3) 截流前宜完成水上部分的两岸边坡、趾板地基开挖,以及岸边溢洪道等项目中干扰坝体填筑部位的开挖。

(4) 坝基与岸坡开挖应自上而下进行,岸坡有支护措施时,宜自上而下随岸坡开挖一次完成。临时边坡应满足稳定要求。

(5) 岩石岸坡开挖清理后的坡度,应符合设计要求。当岩石边坡存在局部反坡或凹坑时，应按设计要求处理。趾板上方不稳定的岩坡，应按设计要求加固处理。

(6) 爆破开挖趾板地基时应采取控制爆破技术，必要时应预留保护层。

2. 开挖主要程序

(1) 施工准备。

1) 施工方案。工程技术部按施工图纸和合同技术条款规定，编制坝基开挖施工方案。其内容包括：施工开挖平面布置图，工程量与施工特点，施工程序与主要施工方法，施工道路以及风、水、电系统布置，开挖料运输及堆放，施工进度计划，机械设备配备计划，物资供应计划，劳动力计划，质量与安全措施等。施工方案经审查报批后实施。

2) 劳动组织。坝基开挖由施管部组织实施，施工作业单位人员根据劳动力计划由经理部调配。有关部门进行分工监控、管理、验收等工作。

3) 机械设备配备。根据批准的施工方案与机械设备配备计划，机械物资部门组织开挖设备进场，其资源配置应满足施工方案计划的生产能力要求，并在施工前，组织各分管人员对各种机械设备进行检测及检修。

4) 物资供应。根据施工方案要求的材料物资供应计划，物资部门组织具有稳定的满足设计品质要求的货源，并落实供应量。

5) 施工道路。根据开挖运输方案，修筑施工道路，并保持路面状况良好。

6) 水、电、风系统布置。开挖前，供水、供电、供风系统应按施工设计要求基本建成，并已试运行。

7) 测量控制网点布置。根据施工条件，布置测量控制网点，并对原始地形进行复测。

8) 运输和堆放规划。根据合同和技术要求，认真作好开挖料的运输和堆放规划。

9) 技术培训和技术、质量要求等交底。施工前，对各岗位的人员进行技术培训和技术交底，应使参加施工的人员明确基础开挖的技术要求、质量要求和各项安全规定。

(2) 表层清理及开挖。截流前,进行两岸岸坡上的覆盖层及全风化层清理,开挖两岸坡上的趾板和堆石体基础。在开挖范围内,采用人工配合机械的方法自上而下逐层清理覆盖层及全风化层。坡度较陡时可由人工清理至坡脚后,集中装运。截流后,进行河床段趾板地基和堆石体地基开挖。

(3) 坝基开挖范围。坝轴线以下部分坝基的开挖和处理要求可以与上游部分有所不同。在工程实践中,一般将堆石体地基按不同区域划分,按不同要求进行开挖处理。

一般趾板下游至约 1/6 坝底宽度处的地基处理,可以只在趾板后面适当范围内开挖,而将大部保留原状。

上游坝基约 1/6 底宽至坝轴线处的这一区域内可以用土方机械开挖和清理,将土状表层沉积物清除,露出基岩面即可。在坚硬岩石露头间的土状物或松散风化岩石可以用反铲或其他工具挖除,也可用人工清理。干净的砂砾石层可以留在原地。岩石倒悬体或陡坡可以不清除,其下可能有些不太密实的填料可以由堆石体的拱作用跨越,而不影响面板的变位。

坝轴线下游部分的地基处理要求可更加放宽。一般只要将表土及松散堆积物清除即可。岩石露头间的松散物也不必挖除,河床砂砾石层也可以利用。

3. 施工排水

按施工组织设计要求,设置足够的排水设备和相应容积的集水坑,及时排除基坑积水。

二、趾板坝基开挖

趾板是承上启下的防渗结构,又是灌浆的顶盖(顶帽)。趾板地基一般要求开挖至坚硬的、无松动的、非冲蚀性可灌浆岩层的基岩面上,技术满足条件下可建造在残积土地基上。

1. 爆破方法

趾板地基开挖一般要求将强风化的岩石挖除。当岩层表面风化较严重、有裂隙发育时,可以直接用风镐撬棍松动后清理干净，对比较坚硬的风化岩层则考虑采用钻孔爆破开挖，常用的爆破方法有以下几种：

(1) 浅孔爆破：指孔深在5m以内、孔径小于43mm的浅孔爆破，此种爆破指保护层以上的开挖，一般采用立面分层的爆破方式进行，应用较为广泛。

(2) 深孔预裂爆破：指钻孔深度大于8m、孔径小于80mm、孔距为55～70cm的爆破。其目的是控制爆破的震动效应，使预裂爆破后开挖面一次成型，适应于坝头岸坡上趾板断面开挖。

(3) 保护层爆破：按规范规定保护层可采用多种爆破施工方法，当趾板底平面基础采用一次爆破开挖方法时，其钻孔深度小于5m，孔径小于60mm，采用小直径药卷、不耦合装药方式，孔底预留30cm不装药。其目的在于开控面爆破时，使趾板基础不受强力震动，确保基岩面的完整。

2. 趾板上游面预裂或光面爆破施工

趾板上游面预裂或光面爆破施工，以水布垭混凝土面板堆石坝为例，其施工程序如下：

(1) 首先根据地形、地质条件，按照批准后的施工方案要求进行爆破设计。经有关部门会签后，报主管工程师审批，下达钻爆任务书，交作业单位执行。任务书内容包括钻孔机具、孔距、孔深、孔向角度、线装药密度、装药结构、起爆方式和起爆网络布置等。

(2) 作业单位根据测量放样的开口线和地面高程，按设计坡比做好机具样架进行钻孔。钻孔前后，质检员应检查样架角度。

(3) 钻孔结束后，质检员、施工员、验收员会同现场监理人，按钻爆任务书要求进行逐孔检查验收。对不合格孔进行处理后，再进行下道工序。

(4) 爆破作业单位，按钻爆任务书及现场监理人的要求进行装药爆破，爆破后检查其爆破效果，施工、质检人员根据地质情况和爆破效果确定是否需要调整爆破参数。

3. 趾板基础岩石松动爆破

(1) 紧邻趾板建基面应预留岩体保护层，保护层厚度按30倍药卷直径控制。

(2) 每层爆破清理开挖完毕后，测量地面高程，用油漆等材料标在基岩上。施工管理部根据地面高程布置下一次钻爆深度。

(3) 预留保护层可采用光面爆破一次爆除的方法施工。

(4) 建基面应人工撬挖，清理松动岩石、爆破裂隙，并不得欠挖。若地质条件与设计不符，应按现场设计人员、监理人的处理方案及时处理。

(5) 开挖结束后，应按验收程序进行验收。验收前，应提供测量资料、地质描述资料、声波测试资料(相关方提供)。

三、堆石体坝基开挖

1. 岸坡段堆石体地基开挖

(1) 对于趾板、过渡区及主堆石区范围内所有陡坡和反坡，应采用光面爆破方法进行局部削坡，开挖成不陡于1∶0.5的斜坡。钻孔深度≤4m的开挖梯段或岩层，选用手风钻浅孔爆破；钻孔深度>4m的开挖梯段或岩层，选用机钻进行深孔爆破。若采用开挖方法难以满足上述要求时，可采用混凝土或浆砌块石补坡，补坡坡度不陡于1∶0.3。

(2) 顺坝轴方向如遇突然转折等碾压机械不能碾压的死角，应进行整修，以方便碾压。

(3) 下游堆石区范围内坝基，应清除根植层与腐质层，表层浮土与危岩体。

2. 河床基础开挖

(1) 对于河床段覆盖层开挖，可采用推土机配合装载机或反铲装车运料，局部由人工配合清理。根据覆盖层砂砾料的特性，应考虑充分利用的可能性。当监理工程师确认可以利用时，应通知现场负责人，将料堆存至备用料场。

(2) 对于保留的砂砾石基础，应由试验室挖坑取样。检测其天然密度、级配、含泥量等，并将其检测资料报监理工程师，由设计人员确定保留的范围与厚度。对表层淤泥与粉砂及不符合质量要求的覆盖层，采用装载机或反铲装车清运，人工配合清理。对保留的砂砾石层，回填前应按设计技术要求进行强夯处理，试验单位取样检测，达到要求指标后进行下道工序。

(3) 河床段趾板下游的堆石体基础、坝下游围堰上游段堆石体基础，应清除河床砂砾石覆盖层至基岩。对断层破碎带和影响填筑施工的不规则地形处按施工图纸进行局部整修处理。

第二节 坝 基 处 理

经验之谈

混凝土面板堆石坝坝基处理的有效经验

混凝土面板堆石坝坝基处理主要问题是趾板布置和砂砾石等渗水坝基的处理。趾板可建于风化破碎岩面上。为了防渗需要，可采用向下游延伸的混凝土板以增长渗径，减小渗流比降，同时用反滤层覆盖，以防止细料冲蚀。对于坐落在砂砾石覆盖层上的面板坝，有以下几种处理方式：

★将覆盖层全部挖除，当河床冲积层中有连续分布的软弱夹层，或覆盖层较浅时应用；

★将趾板建于挖除覆盖层后的基岩面上，当坝体下的砂砾石层有足够强度时可保留作为坝基；

★将趾板建于砂砾石层上，用混凝土防渗墙与趾板或连接板连接起来，接缝外设止水，以适应不均匀沉降，除防渗墙外，坝基覆盖层也可用灌浆帷幕、高压旋喷灌浆帷幕等进行处理。

一、坝基灌浆处理施工准备

1. 施工作业准备

(1) 施工方案编制与审批。钻灌施工单位在施工前，应按照施工图纸、技术文件要求编制施工细则，制定详细的施工措施计划，明确施工工艺方法，建立质保与安全体系，经经理部审查并报监理人审批后实施。

(2) 劳动组织。趾板、防渗板基础灌浆由基础处理专业队伍负责完成。一般当钻孔工作相对困难,占用时间较多时,宜采用钻灌分开的机组组合形式,以充分发挥专业特长,由一个灌浆机组同时配合多个钻孔机组进行灌浆。当钻孔工作占用的时间不长,宜采用综合机组形式。

(3) 机具设备。固结灌浆的钻孔机具可以选用各式适宜的钻机,固结检查孔的钻孔应使用岩芯钻机。固结灌浆的灌浆泵可选择中、低压双缸或三缸活塞式灌浆泵,并配备适量的砂浆泵。

帷幕灌浆的钻孔机具选用岩芯钻机,灌浆泵选择中、高压柱塞式双缸或三缸灌浆泵,并配备适量的砂浆泵。

固结灌浆与帷幕灌浆,应配置灌浆自动记录仪和抬动变形观测智能化报警装置。

(4) 风、水、电设施。施工用风、水、电应按投入的机械设备数量以及定额消耗量,进行需用量的计算和配置。风、水管道布置在趾板的上游侧,管道直径按高峰期用量核定,风压 $P_{风} \geqslant 0.5MPa$,水压 $P_{水}$ 取 0.3～0.8MPa;施工用电计划按高峰期作业负荷设备、照明乘以同时启动系数(一般取 0.7～0.8)进行计算,必要时,应配备应急备用电源。

(5) 制(供)浆站。根据工程量与工作面特征,优先考虑采用集中制浆站或移动式制浆站,制浆能力应满足灌浆高峰期的浆液用量。集中制浆站统一配置浓浆,通过输浆管供应至灌浆中转站或直接供应到各灌浆点,在灌浆作业现场按需要兑水调制使用。采用湿磨水泥浆灌注时,湿磨机应安置在灌浆现场,随磨随用。采用集中制(供)浆方式时,可根据需要设置中转站,上输浆管路一般采用单行式,下输浆管路一般采用闭路循环式。

(6) 钻灌作业平台。利用斜坡段趾板地形条件,制作、安装钻灌作业台车,钻孔、灌浆可在台车上进行作业。台车装置在轨道上,采用卷扬机牵引就位。当坡面呈扭面或不利于安装轨道时,则应搭设大面积的满堂平台和脚手架,以便于摆设钻机和方便操作。

(7) 人员培训和技术交底。结合趾板灌浆的工艺特征，进行岗位技能培训和安全教育培训。所有从事特种作业的人员和专职质检员，均应持证上岗。项目在开工前，均应分阶段、分层次做好施工技术交底，使参与项目施工的人员均能熟悉工程特点、设计意图、技术要求、施工措施。

(8) 施工条件。固结和帷幕灌浆施工前，应完成以下项目的施工。

1) 混凝土压浆板部位应待压浆板混凝土浇筑完毕并达到规定设计强度。

2) 必须完成对防渗帷幕灌浆有影响的勘探平洞、大口径勘探孔和岩溶洞穴的清理和混凝土回填，以及临近的灌浆平洞和其他地下洞室的混凝土衬砌、回填灌浆、围岩固结灌浆、喷锚支护等项目施工。

3) 设有物探测试孔的孔段，必须完成灌前测试及钻孔保护工作。

4) 布设的抬动变形观测装置必须安装完毕且能进行正常测试工作。

5) 必须对已埋设的各种内、外观监测仪器、电缆、孔、管等设施妥善保护。

(9) 施工要求。趾板地基的固结灌浆和帷幕灌浆施工前应进行现场试验，根据试验成果按现行行业标准《水工建筑物水泥灌浆施工技术规范》(SL 62—2014)的规定执行，并符合下列要求：

1) 灌浆施工应在趾板混凝土达到70%设计强度后进行，趾板宜预留灌浆孔。

2) 蓄水前应按设计要求完成蓄水水位以下的灌浆。

3) 灌浆参数应经试验确定。灌浆时不应抬动趾板。

4) 灌浆工程应按先固结、后帷幕、分排分序的原则进行。

2. 施工程序

大坝趾板基础灌浆按先固结灌浆后帷幕灌浆的顺序施工，其中固结灌浆应待趾板或防渗板混凝土达到70%的设计强度后进行，帷幕灌浆须在趾板固结灌浆完成并检查合格后方可实施。

(1) 防渗板基础固结灌浆施工顺序。第Ⅰ序固结灌浆孔钻孔、灌浆→第Ⅱ序固结灌浆孔钻孔、灌浆→检查孔钻孔(取芯)、压水、封孔→封孔检查孔钻孔、取芯。

(2) 趾板基础固结灌浆施工顺序。物探测试孔和抬动观测孔、固结灌浆边排第Ⅰ、Ⅱ序孔钻孔、灌浆→固结灌浆中间排第Ⅰ、Ⅱ序孔钻孔、灌浆→兼作辅助帷幕的深孔固结灌浆孔下游排第Ⅰ、Ⅱ序孔钻孔、灌浆→兼作辅助帷幕的深孔固结灌浆孔上游排第Ⅰ、Ⅱ序孔钻孔、灌浆→检查孔钻孔(取芯)、压水、封孔→封孔检查孔钻孔、取芯→灌后物探测试孔扫孔、测试、压水、封孔。

(3) 帷幕灌浆施工顺序。帷幕灌浆按分排分序加密、自上而下的原则分Ⅲ序施工。多排帷幕灌浆孔的施工部位应按先钻灌下游排、后钻灌上游排、最后钻灌中间排的顺序施工。每排帷幕灌浆孔施工程序:抬动观测仪器安装→先导孔钻孔(取芯)及灌浆→Ⅰ序孔钻孔及灌浆→Ⅱ序孔钻孔及灌浆→Ⅲ序孔钻孔及灌浆→灌浆质量检测孔钻孔(取芯)及压水试验→封孔质量检查孔钻孔取芯。

二、固结灌浆施工工艺

为提高岩基的整体性与强度，并降低基础的透水性，常需要进行岩基固结灌浆。固结灌浆施工工艺方法如下:

(1) 其工艺流程一般为:孔位放样→自上而下分段钻孔→冲洗→孔内阻塞→灌前洗缝→简易压水(按比例选择部分孔单点法压水)→灌浆→下一段循环→封孔。

(2) 在趾板、防渗板上埋管留出孔位，选用各种适宜的钻机造孔，钻孔编号、孔深、孔序段长应符合设计图纸和技术要求。

(3) 固结灌浆采用自上而下、孔内循环灌浆方法，一般采用单孔灌注，在保证正常供浆前提下，也可采用并联灌浆(此时应特别注意趾板抬动观测)，每组并联孔数不宜超过 2 孔，严禁串联灌注。

(4) 固结灌浆前、后进行物探测试工作，灌后物探测试工作应在测区 10m 范围内钻灌工作全部结束 14d 后进行。

(5) 抬动观测孔布置在相应的灌浆部位，在抬动观测装置埋设安装完毕，并完成灌浆前的仪器安装调试工作后，进行灌浆作业。为保证灌浆施工在允许的抬动变形范围内顺利进行，在进行裂隙冲洗、压水试验和灌浆施工的全过程安设抬动变形观测装置，配备具有自动报警功能智能型测控仪进行变形观测。

(6) 灌浆前，按技术要求进行裂隙冲洗和简易压水试验。严格控制灌浆压力、浆液水灰比及变浆标准和结束标准，用灌浆自动记录仪进行记录。

(7) 固结灌浆施工结束 3～7d 后，按灌浆总孔数的 5% 布置检查孔，进行钻孔取芯压水检查，压水试验采用单点法。在灌浆结束 14d 和 28d 后，在灌前相应部位进行岩体波速和静弹模测试。

(8) 所有固结灌浆孔和检查孔灌浆(或压水灌浆)结束并经监理人验收合格后，按照技术要求采用机械压浆封孔法或压力灌浆封孔法认真封孔。

三、帷幕灌浆施工工艺

为减少坝基的渗流量，降低坝底渗透压力，保证坝基的渗透稳定，常需要在靠近上游迎水面的坝基内，形成一道连续的防渗幕墙。帷幕灌浆施工工艺方法如下：

(1) 帷幕灌浆按分序加密施工。每一单孔施工工艺流程：孔位放样→孔口管钻孔→冲洗→孔内阻塞→灌前洗缝→简易压水→灌浆→灌注孔口管→下一段循环→封孔。

(2) 帷幕灌浆采用地质钻机，用金刚石钻头造孔，开孔孔径 ϕ91mm，按规定，一般灌浆孔埋 ϕ76mm、先导孔采用 ϕ89mm 孔口管，孔口管深入基岩一般为 3m。孔口管以下钻孔孔径一般灌浆孔为 ϕ60mm、先导孔为 ϕ76mm。采用高精度测斜仪进行全孔跟踪测斜，及时纠偏，保证孔斜偏差值满足设计要求。如纠偏无效时，则报废原孔并做压浆封孔处理，重新钻孔。

(3) 抬动观测孔布置在趾板帷幕灌浆范围内，在进行裂隙冲洗、压水试验和灌浆施工的全过程进行抬动变形观测。

(4) 帷幕灌浆先导孔、检查孔、抬动观测孔均采取岩芯，按规定进行岩芯编录，并根据监理人的指示对钻取的岩芯和混凝土芯进行试验，将试验记录和成果提交监理人。

(5) 帷幕灌浆采用孔口封闭，孔内循环，自上而下分段的方式进行灌浆。在灌浆前，采用导水法从孔底向孔外进行冲洗。一般灌浆孔作简易压水试验，先导孔作单点法压水试验。

(6) 帷幕灌浆孔口管埋设后须待凝 3d，经检查合格后方可进行下一工序的施工。混凝土与基岩的接触部位单独作为一段(接触段)先进行灌浆，段长一般为 3m(嵌入基岩深度)；第二段为 1m；第三段为 2m；以下各段的段长一般为 5m，特殊情况下适当缩短段长；终孔段根据实际情况，可适当加长段长，但最长段不超过 8m。

(7) 严格按设计要求控制灌浆压力，为防止破坏性抬动，浅层一定深度范围内灌浆，采取逐段分级升压，并按要求变浆。灌浆结束标准为：

1) 在最大设计压力下，灌浆孔段注入率不大于 1.0L/min，保持回浆压力不变，采用孔内循环的灌浆方式(大循环自动记录与人工记录校验)延续灌浆 90min；

2) 灌浆全过程中，在最大设计压力下的总灌浆时间不少于 120min。

当同时满足以上标准时，方可结束灌浆作业。

(8) 所有钻孔在全孔灌浆结束并经监理人验收合格后，按照设计要求采用置换和压力灌浆法认真封孔。

四、坝基其他问题处理

1. 岩石节理与裂隙的处理

趾板部位岩石节理和裂隙的处理，应符合设计要求，当设计未明确规定时，应采用下列处理方法：

(1) 当岩石较完整且裂隙细小时，清除节理和裂隙中的充填物后，冲洗干净，并依缝的宽度灌入水泥浆或水泥砂浆封堵。

(2) 当岩石节理和裂隙发育或渗水时,应清除节理和裂隙中的充填物,冲洗干净,灌入水泥浆或用水泥砂浆封堵、喷混凝土或浇筑混凝土覆盖,必要时采取导渗措施,保持趾板混凝土浇筑地基面无积水,并在混凝土保护段后铺设反滤料。

2. 断层破碎带处理

(1) 将岩层表面浮渣清除干净后,如发现断层破碎带,应通知监理工程师,根据设计方案进行处理,测量队测出断层破碎带的平面位置,并用油漆标示外边线。

(2) 根据设计要求的开挖范围和深度,用风镐、撬杠凿除碎石和夹泥层。如破碎宽度和开挖深度较大,可采用手风钻钻孔、小规模爆破,其外侧孔距设计边线不应小于 1m,槽挖达到设计高程后再由人工将浮渣彻底清扫干净。

(3) 开挖清理结束后,测量队测绘地形及断面图。

(4) 根据验收程序进行质量验收。

(5) 趾板附近断层,按设计要求回填混凝土。

3. 边坡不稳定岩体处理

两岸坝肩及趾板开挖边坡上危岩体、悬空孤石等影响大坝、趾板边坡施工安全,分别采用挖除、锚杆、喷护、预应力锚索等措施及时处理。

4. 开挖地基特殊情况处理

(1) 对开挖后可能造成滑坡、崩塌的部位,应采取有效措施保证岸坡稳定。岸坡中存在滑动面或软弱夹层时,可用锚杆、钢筋桩、锚索、换填混凝土等方法进行处理。

(2) 趾板和堆石体地基遇到岩溶、洞穴、断层破碎带、软弱夹层和易冲蚀面等不良地质及勘探孔、洞时,应按设计要求进行认真清理、封闭和引、排水处理。

(3) 趾板地基渗水严重或集中涌水时,可采用堵排结合的方法处理。

(4) 坝体底部保留的砂砾石层,应布置方格网点取样检验。保留部分应按设计要求处理,在坝体填筑前用重型振动碾等适宜的碾压机具碾压密实并检测合格。

(5) 对易风化岩层,开挖后应及时封闭保护。

第三节 安 全 措 施

一、基本措施

(1) 开工前,工程技术部应结合现场施工条件,制定项目施工安全技术措施。会同安全部、施工管理部组织安全技术交底。

(2) 开挖过程中,安全监督员应现场值班,发现问题及时处理。

(3) 岩体揭示后,若与原设计地质条件有较大差别,或未能预见的不良地质现象危及人身安全时,应及时报请发包人作出明确判断,并采取处理措施,以防发生事故。

(4) 爆破作业应符合有关爆破规程规定。

二、边坡开挖安全措施

(1) 边坡开挖应自上而下进行。禁止采用自下而上、先挖坡脚的开挖方式。

(2) 开挖时,不应将坡面挖成反坡,造成塌方事故。发现有浮石、孤石或其他松动突出的危石时,立即进行处理,同时通知人员和机械撤离。

(3) 如发现边坡有不稳定现象时,应立即停止施工。必要时报请发包人组织现场察勘,商定处理方案,采取安全防护措施。

(4) 在开挖过程中,发现有地下水时,应设法将水排除后再进行开挖。

(5) 作业人员在边坡高度大于 3m,坡度陡于 1∶1 的坡上工作时,须系安全绳,在湿润的斜坡上工作时,应有防滑措施。

(6) 在大风、大雨和照明不足的情况下禁止边坡作业,更不得在危险的边坡、峭壁处休息。

(7) 岸坡上开钻前,必须检查工作面附近岩石是否稳定,有无瞎炮,发现问题,应及时处理,否则不得作业。

(8) 对开挖高度较大的坡面，每下降 5m，应进行一次清坡、测量、检查。对断层、裂隙、破碎带等不良地质构造，应按设计技术要求，及时跟进加固或防护。

(9) 进行撬挖作业时，应遵守下列规定：

1) 严禁站在石块滑落的方向撬挖或上下层交叉作业。

2) 在撬挖工作的下方严禁机械、人员通行，并应设专人监护。

3) 撬挖工作应在悬浮层清楚并形成稳定边坡后，方可收班。

4) 撬挖作业应在白天进行，作业人员应有适当间距。

三、土石方装运安全措施

(1) 在高 5m 以上 10m 以下的掌子面挖掘时，开挖设备应采用循环行走法挖掘，以保护掌子面安全。

(2) 装车时，禁止铲斗从汽车驾驶室顶部通过，车不停稳不许装车，装渣时铲斗距车厢边以 0.2m 为宜，禁止刮碰车厢或把大块石装偏。

(3) 挖掘机停车地面倾斜度不得超过 5%。

(4) 在边坡下挖渣时，边坡上禁止施工，以防坠石伤人或砸坏机械。

(5) 爆破前，挖掘机应退出危险区避炮，同时做好必要的防护。

(6) 出渣路线应保持平整通畅。

(7) 卸料地点靠边沿处应有挡轮木和明显标志并设专人指挥。

(8) 采用装载机装车时，严禁装偏，卸渣应缓慢。装载机工作地点四周禁止人员停留，装载机后退时应连续鸣号示警。

四、基岩防渗处理安全措施

(1) 两岸边坡部位施工作业安装防护栏及夜间照明、警示标志。高空作业人员应佩戴双保险，存在交叉作业时，须设安全哨。

(2) 斜坡部位钻孔施工作业平台（滑动平台车），施工单位应作专项设计报告，报技术部审批后进行搭设，并经安全、技术部门检查验收合格后方可施工。

（3）钻机安置要求牢固、平稳，并有防倾覆措施。

（4）斜坡部位移动平台车或机械设备前，应先清理平台车上零星器材，检查牵引系统、双保险是否正常，并通知下方施工作业人员暂时撤离。移动平台车或机械设备时，应有施工负责或专职安全工作人员现场指挥。就位后，用卡轨器将平台车底部滑槽与轨道卡住，并在移动方向的适当地方用地锚将移动平台车固定。

（5）根据用电量负荷大小选择相应空气开关、电缆规格，禁止超负荷使用。电缆应按要求规范架设，严禁与其他水管、灌浆管等有摩擦现象。施工过程中注意保护电缆免受钻杆、钻具等砸破。

（6）钻孔冲洗。对钻孔敞口采用高压风、水轮换冲洗时，应对周围用电设备做好防护工作，同时需采取措施对水管、风管进行适当固定。

（7）灌浆作业主要检查高压帷幕灌浆皮管接头、压力表、高压阀门、高压泵阀托或球阀闷盖、孔口封闭器等，对丝扣滑脱，接头、压力表飞起伤人或高压浆液伤人应有预防措施。

（8）化学材料灌浆作业人员应佩戴防毒面具、护目镜、防腐蚀橡胶手套等。化学材料灌浆施工环境要求空气对流畅通，按要求做好废弃浆液回收处理工作；施工现场化学灌浆不得有明火作业。

第三章

筑 坝 材 料

第一节 料场复查与规划

一、坝料工程性质

1. 堆石料的工程性质

(1) 堆石料的级配。级配是指堆石料各级粒径颗粒的分配情况,即不同大小颗粒所占比例的情况。

混凝土面板堆石坝堆石料的最大特点是其级配的可变性。即从堆石料的开采、运输、填筑,直至大坝竣工后的运行阶段都在变化,且以填筑阶段变化最大。因此,同一种材料在不同时段,级配可能差别很大。在工程实践中,经常面对的是两种级配,即原始级配(填筑前的级配)和填筑后的级配,后者需通过现场试验确定。

1)垫层料的级配。在混凝土面板堆石坝的堆石料中,垫层料的级配要求最为严格。垫层应具有连续级配,最大粒径为80～100mm,粒径小于5mm的颗粒含量宜为35%～55%,小于0.075mm的颗粒含量宜为4%～8%。压实后应具有内部渗透稳定性,低压缩性、高抗剪强度,并具有良好的施工特性。

2) 过渡料级配。级配应连续,最大粒径不宜超过300mm。过渡区细石料要求级配连续,最大粒径不宜超过300mm,压实后应具有低压缩性和高抗剪强度,并具有自由排水性能。过渡区材料,可采用专门开采的细堆石料、经筛选加工的天然砂砾石料或洞挖石渣料等。

3) 主堆石料的级配。主堆石料一般采用选定了爆破参数之后的爆破料或开挖料。最大粒径不应超过压实层厚度，一般为 600～800mm。小于 5mm 的颗粒含量不宜超过 20%，小于 0.075mm 的颗粒含量不宜超过 5%。

(2) 堆石料的密度。堆石料的密度，受其母岩岩性、堆石级配、压实方法等的影响变化较大。但一般来说，垫层料的密度高于主堆石料。

需要说明的是，岩石的密度、孔隙率等因素对堆石料的填筑密度有较大影响。有的混凝土面板堆石坝工程由于堆石料的密度大，虽然测定的主堆石区填筑料的干密度较大，但孔隙率也偏大。还有些工程由于堆石料本身的孔隙率大，若按规定，对于堆石的密度采用视密度，则在计算堆石料填筑的干密度、孔隙比时，虽然得到较小的孔隙率，但测定的干密度可能并不高。

(3) 堆石料的压缩变形性质。

1) 压缩性质：堆石料经过碾压，都具有较高的密度和较小的孔隙比，其压缩性很低。因此，堆石坝的沉降变形，大部分可在施工期完成。

2) 浸水性质：堆石料都有湿陷性质，特别是软化系数较低的石料，在加水后其颗粒棱角的软化、润滑，促进了颗粒体系的失稳与颗粒位移，使其进入更加稳定的平衡状态。这也是堆石料填筑压实时加水的主要作用。

3) 蠕变性质：蠕变是指固体材料在保持受力不变的条件下，其变形随时间延长而增加的现象。堆石蠕变变形的产生，主要是颗粒破碎引起的颗粒排列的进一步调整。堆石的蠕变性与其母岩的岩性、岩质、堆积密度、颗粒形状、应力水平等条件有关。

(4) 堆石料的渗流性质。

1) 垫层料的渗流性质：垫层料是半透水性材料，垫层料中小于 5mm 的颗粒的含量、含泥量及密度对其渗透性都有影响。

2) 主堆石料的渗流性质：主堆石料的渗流功能主要是通畅地排渗水，即具有自由排水的性质。

（5）堆石料的压实性质。

1）堆石料压实性质的特点。堆石料的压实，是指堆石在机械作用下颗粒重新排列，使其密实度提高的过程，这一过程同时伴有颗粒破碎、级配不断变化的特征。在工程实践中，为压实堆石料所施加的外力，主要有静压力、冲击力和振动力三种形式。堆石颗粒在压实力的作用下，能够相互移动、充填，以达到更加密实的结构状态。

2）影响堆石料压实的因素。影响堆石料压实的因素，主要有堆石料性质、压实机械设备和压实工艺等。

堆石料性质的影响：主要是指堆石料的级配、堆石料的最大粒径等对压实性质的影响。级配良好，细颗粒含量适当的堆石料，则压实的密度必然较高。具有不同的最大粒径，但级配相似的堆石料，其压实的密度，一般随最大粒径的增大而提高。

加水的影响：堆石料加水的目的，是使堆石颗粒表面润湿、润滑，以减小彼此间的摩擦力，使其在压实、运输机械的作用下，容易产生相对位移并彼此挤紧。对软化系数较小的岩石，还可使岩块及棱角易于压碎，从而达到较高的密实度。但对于新鲜坚硬的岩石，加水压实的效果甚微。

2. 砂砾石料的工程性质

（1）砂砾石料的级配。砂砾石料的级配有两个特点：第一，其级配是自然的，而且不易由于破碎而衰变、细化；第二，其特征粒径对其物理力学性质具有敏感性。

1）主堆石区砂砾石料的级配。主堆石区砂砾石料的最大粒径为300～600mm，小于0.075mm的颗粒含量一般不超过5%。其主要要求是，具有良好的抗变形能力和良好的排水性。

2）垫层区砂砾石料的级配。如直接采用天然砂砾石料作为垫层料，往往造成5mm以下颗粒的含量不足。因此，一般采用过筛、轧碎和掺混等措施补充。

（2）砂砾石料的密度。

1）砂砾石料一般都容易压实，从而得到较高的密实度。

2）一般情况下，砂砾石料干密度大于堆石料干密度。

(3) 砂砾石料的压缩变形性质。与爆破石料相比，砂砾石料的压缩性相对较小。

(4) 砂砾石料渗透性质。砂砾石料的渗透性质受小于5mm颗粒含量的影响较明显。砂砾石料的渗透破坏比降较小，有发生管涌破坏的可能性，因而存在渗流控制问题。

(5) 砂砾石料的压实性质。砂砾石料的含泥量，即小于0.0075mm的成分，对于填筑压实施工的影响较大。当含泥量大于8%～10%时，砂砾石料对含水量的大小非常敏感，容易产生“橡皮土”，不易压实。因此，当砂砾石中小于5mm的细粒含量超过30%，且含泥量大于5%时，必须按试验严格控制加水量。

二、堆石坝料场复查

为保证料源的质量和储量，施工单位在进入现场后，应对设计提出的料场进行复查，确定料场的质量和储量是否满足施工要求，并在料场复查和设计资料的基础上，依据工程施工总进度的安排，做好料场开采规划。

料场复查的目的和内容有：

(1) 复查料场的质量和储量是否与设计单位提供的相符。对质量，要满足坝体不同部位对料质的要求，查明软弱夹层的分布情况和岩石风化程度等；对储量，要查明有效层的分布情况和利用率，覆盖的厚度等。为此，国内有些工程在复查阶段补充了探洞、钻探、试验等工作。应强调，料场复查不仅要对坝区以外的新辟料场进行复查，还需对枢纽建筑开挖区和天然石料区进行复查。

(2) 复查料场的开采与运输条件是否满足施工要求，特别应考虑是否满足施工强度要求。例如，有些料场虽然岩石质量和储量满足设计要求，但岩体陡峭，开采条件极差，或运距较远，坝料供应强度上不去，这样的料场是不可取的。

(3) 以坝址为中心，由近而远探查是否有可供选择的其他料场。有些设计单位所推荐的料场不一定是最优的料场，施工单位需要对各方面问题进行全面细致的考虑，通过比较优选，得出适宜的料场。

三、料场规划与料源平衡

1. 料场规划

混凝土面板堆石坝的料场应根据工程规模、料场地形地质条件及导流方式、填筑强度、坝料综合平衡等进行规划。料场规划应遵循以下原则：

(1) 料场可开采量(自然方)与坝体填筑量的比值：堆石料宜为1.2～1.5；砂砾石料，水上为1.5～2.0，水下为2.0～2.5。

(2) 不占或少占耕地，少毁林木，注意保护环境，维护生态平衡。

(3) 主堆石坝料(主料场)的开采，宜选择运距较短、储量较大和便于高强度开采的料场，以保证坝体填筑的高峰用量，尽可能做到高料高用、低料低用，上游料场用于上游坝体，下游坝料用于下游坝体，尽可能避免横穿坝体和交叉运输。

(4) 对于垫层料、过渡料等有特殊级配要求的坝料，必要时可分别设置专用料场，以便开采、加工、运输和存放。

(5) 为避免施工中出现被动，满足坝体填筑施工高峰用料要求，可以考虑备用料场和备用堆料场。备用堆料场应尽量布设在大坝附近，运距短，以满足大坝高峰用料要求；同时布设弃料场，用来存放弃料。

(6) 充分利用枢纽建筑物的开挖料，力求挖填平衡。开挖时宜采用梯段微差爆破方法，以获得满足设计级配要求的坝料，并做到“计划开挖，分类存放”。

2. 料源平衡

土石方的挖填平衡是混凝土面板堆石坝设计施工必须遵循的重要原则。在料场规划中，必须 在质量、数量、时间、空间上对料源和坝体填筑部位进行统筹规划，综合平衡，既要保证坝体填筑进度的需要，又要满足坝体各分区对石料质量的不同要求，以确保坝体填筑质量。同时尽可能减少坝料中转、暂存，提高直接上坝率，尽可能缩短运距。要充分利用枢纽建筑物的开挖料，提高有效挖方的利用率，以获得最大的经济效益。

料源平衡步骤：

(1) 列出各料源(含中转料场)的位置、开挖时间、石料数量及质量。

(2) 列出各填筑区的位置、填筑时间、填筑数量及质量。

(3) 规划各料源到相应填筑区的道路。

(4) 绘制料源平衡图。

第二节　坝料开采与加工

一、料场开采施工

混凝土面板堆石坝主堆石料及过渡料，由于粒径较大，常由料场直接开采。料场开采前应清除植被、覆盖层和不可用岩层。国内外的混凝土面板堆石坝工程，主要采用爆破方式开采坝料，包括深孔梯段爆破开采坝料和洞室爆破开采坝料。

1. 深孔梯段爆破开采坝料

深孔梯段爆破的主要优点是能较好控制坝料的粒径，满足坝料的级配要求。虽然这种爆破方式的开采强度不高，但随着大口径钻孔机械的发展，钻孔效率将大大提高，梯段高度也可以增大。因此，近年来，深孔梯段爆破一直是我国混凝土面板堆石坝工程开采坝料的主要方式。

2. 洞室爆破开采坝料

采用洞室爆破方法开采坝料，可根据料场条件和坝体填筑施工需要，一次开采数万立方米到数十万立方米的坝料。与深孔梯段爆破相比，其优势是不言而喻的。但洞室爆破的效果不易控制，爆破安全问题也较突出，大块率普遍高于梯段爆破，从而增加了二次爆破费用。

3. 洞室加深孔复式爆破

有的工程将深孔梯段爆破和洞室爆破两种方法相结合，探索出了洞室加深孔复式爆破开采坝料的新方法。既解决了深孔梯段爆破效率低的问题，又克服了洞室爆破开采坝料存在大块率高的问题，兼顾了坝体填筑高峰应急和常年施工对坝料的需求。

4. 砂砾石料开采

砂砾石料主要有水上和水下两种开采方式。水下开采砂砾石料时，由于砂砾石料含水率高，宜先将其堆放排水，再上坝填筑。在地下水位较高的寒冷地区进行砂砾石坝料开采，应有足够的堆存储备，以满足冬季坝体填筑需要。

二、堆石坝料生产

1. 堆石料

宜采用深孔梯段微差挤压爆破等方法开采，在地形、地质及施工安全条件允许的情况下，必要时也可采用洞室爆破的方法，爆破后的超径石宜在料场处理。

2. 过渡料

宜按级配要求直接从料场爆破生产，也可以从枢纽地下洞室等建筑物的开挖渣料中选用。

3. 垫层料及特殊垫层料

垫层料的质量不仅直接关系到面板和坝体的运行性能，而且也关系到混凝土面板堆石坝施工度汛的安全。垫层料应选用质地新鲜、坚硬且具有良好耐久性的石料。当天然砂砾石料符合垫层料的要求时，可直接作为垫层料使用。垫层料通常需经过加工获得，其生产方式有如下几种：

(1) 层铺立采法。所谓层铺立采法，就是将料场开采出来的石料或超径卵石进行再加工，而得到合格的良好级配的垫层料。其生产过程是：石料开采—破碎—掺配。掺配的细粒料可采用符合设计要求的天然砂、当地风化砂或石屑，也可采用人工砂。

1) 石料开采。采用优化的爆破设计，开采出来的石料应满足第一次破碎的规定要求，尽可能使爆破的粒径小、利用率高、便于破碎。

2) 破碎。将爆破料挖运至集中地点后进行机械破碎，一般需要粗碎和细碎两次破碎，有时仅需要一次破碎。

3）掺配。将经加工的粗细料按确定比例采用自卸车逐层交替铺料，装载机(或挖掘机)立面开采混和。层铺立采施工法如图 3-1、图 3-2 所示。

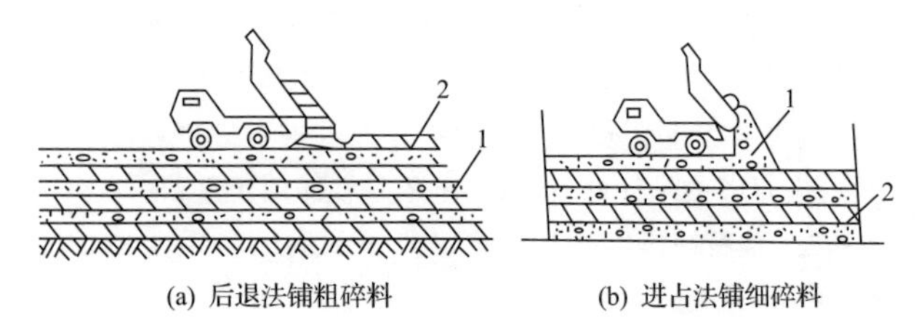

(a) 后退法铺粗碎料　　(b) 进占法铺细碎料

图 3-1　铺料示意图

1—粗碎料；2—细碎料

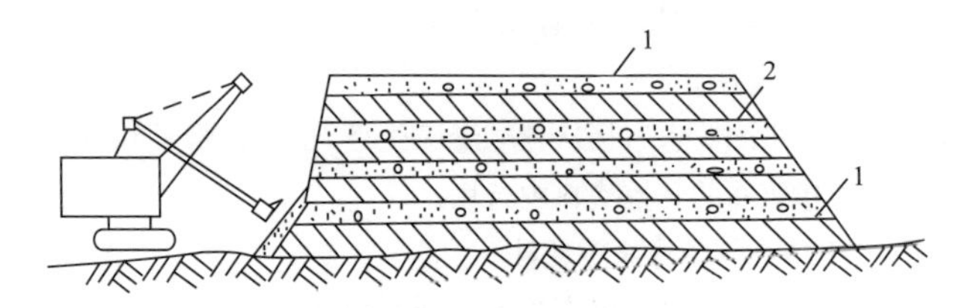

图 3-2　立采示意图

1—粗碎料；2—细碎料

铺料时，第一层应先铺粗碎料，铺粗碎料采用后退法卸料；铺细碎料采用进占法卸料。自卸车每卸一层，即用推土机将料铺平。铺料结束后，用装载机或挖土机立面开采，反复混拌。

粗碎料和细碎料的比例，按两种料中细料(粒径＜5mm)的含量进行确定，以保证掺和后垫层料中细料含量达到级配要求。

(2) 筛分掺配法。将料场开采出来的石料进行机械破碎与筛分，然后通过机械拌和或按比例向传输带上下料掺配，从而得到级配良好的垫层料。采用筛分掺配法，其优点在于机械化程度高、生产强度大，适合于高坝、超高坝的垫层料的生产。

采用筛分掺配法制垫层料的生产工艺流程如图 3-3 所示。这种工艺流程可以与混凝土人工骨料生产系统相结合，一套人工砂石料系统分别生产混凝土骨料和垫层料。

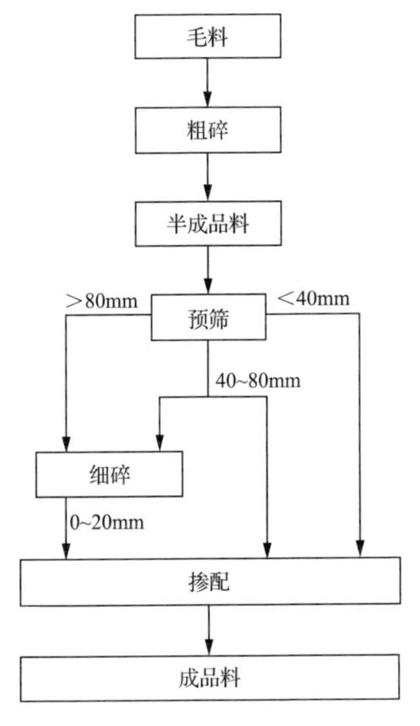

图 3-3　垫层料筛分掺配法生产工艺流程

（3）直接机械破碎生产法。在垫层料的生产过程中，调整粗碎机和细碎机的开度，调整各破碎机的进料量和筛网孔径，经过多次实验，使生产的各种粒径含量符合设计要求，将各种粒径的料送到皮带机上，经传输自由跌落到成品料场。

其优点是机械化程度高，生产量大，质量易于控制，只需专门安装一套生产垫层料的设备。

（4）利用天然砂砾石料。利用当地天然砂砾石料作垫层料，应对天然砂砾 石料进行级配及物理力学性能试验。经试验论证后，天然砂砾石料才能投入使用。必要时应对其进行级配调整。

第三节 安 全 措 施

一、坝料开采安全措施

坝料开采作业必须执行现行行业标准《水利水电工程施工通用安全技术规程》(SL 398—2007)的规定,爆破作业应按现行国家标准《爆破安全规程》(GB 6722—2014)操作。

1. 爆破作业安全措施

(1) 爆破前应对爆区周围的自然条件和环境状况进行调查,了解危及安全的不利环境因素,并采取必要的安全防范措施。

(2) 爆破作业单位应向公安机关申请领取《爆破作业单位许可证》后,方可从事爆破作业活动。未经许可,任何单位或者个人不得从事爆破作业。

(3) 露天爆破时,起爆前应将机械设备撤至安全地点或采取就地保护措施。

(4) 爆破地点与人员和其他保护对象之间要有足够的距离,爆破安全警戒距离按照现行国家标准 GB 6722—2014 的规定执行。

(5) 爆破器材应储存在专门爆破器材库内,由专人管理,任何个人不得非法储存爆破器材。

2. 高处作业安全措施

(1) 及时排除边坡上的危石和其他塌方体,必要时设置安全挡渣设施。在边坡上作业时,安全防护措施必须到位。

(2) 随时注意高边坡的稳定情况,必要时,设临时监控,发现异常应立即处理。

(3) 在交叉作业中,不得在同一垂直方向上下同时操作。下层作业的位置,必须处于依上层高度确定的可能坠落范围半径之外。不符合此条件,中间应设置安全防护层。

3. 其他方面安全措施

(1) 随时注意道路两边及边坡的稳定情况,保持施工道路及安全设施的完好,挖掘掌子面高度的确定应充分考虑挖掘机械的性能。

(2) 参与料场施工的机械,应按其技术性能要求正确使用。缺少安全装置或安全装置失效的机械设备不得使用。

(3) 恶劣天气下,应按规定限制施工。夜间作业应有足够的照明。

(4) 料场环境卫生设施、卫生标准等应符合现行国家标准《工业企业设计卫生标准》(GBZ1—2010)的规定。做到文明施工,做好职业病的预防。

(5) 建立健全料场安全用电组织和技术管理措施,确保安全生产。

(6) 设置和保护好安全警示标志。

二、垫层料制备安全措施

(1) 垫层料制备必须执行现行行业标准 SL 398—2007 的规定。

(2) 机械设备的安装应符合现行国家标准《机械设备安装工程施工及验收通用规范》(GB 50231—2009)的有关规定;电气设备的安装与架设应符合《电业安全工作规程　第 1 部分:热力和机械》(GB 26164.1—2010)的有关规定,并执行 GB 50231—2009 的有关规定。

(3) 机械操作人员和配合人员都必须按规定穿戴劳动保护用品,遵守操作规程。高空作业必须系安全带,不得穿硬底鞋和拖鞋。严禁从高处往下投掷物件。

(4) 碎石机必须装有防护罩和隔离防尘设施,块石必须浸水或洒水进行破碎。

(5) 当石料料堆起拱堵塞漏斗通道时,严禁人员站在料堆上进行处理。

(6) 皮带机运转中严禁任何人跨越皮带行走,严禁乘坐皮带、在皮带上睡觉等。

(7) 所有电动机座、起动设备等金属外壳必须接地接零,电气回路应设开关或漏电保护器,并有保护装置。

(8) 夜间作业应有足够的照明。

第四章

坝 体 填 筑

坝体填筑是混凝土面板堆石坝的主要分项工程。堆石坝体是构成混凝土面板堆石坝的主体,如何优质、高效地填筑坝体是影响整个工程质量、造价和工期等的重要问题,关系着工程的成败。因此在坝体填筑前,应根据工程的总工期目标、导流度汛方案、坝址地形地质条件、料源分布、现行规范规定和设计资料等充分研究坝体填筑的施工工艺、设备配备,编制施工组织设计,以实现填筑施工高质高效。

混凝土面板堆石坝坝体填筑主要有以下特点:

(1) 可以充分利用当地材料筑坝,大量节省三材和投资。

(2) 填筑方量大,填筑强度高。

(3) 坝体结构简单,工序间干扰少,便于机械化施工作业。

(4) 堆石坝可根据施工需要在平面和立面上进行分期填筑,除要求垫层、过渡层和部分主堆石平起外,并不限制在任何部位留设施工缝。主次堆石休可分区、分期填筑,其纵、横坡面上均可布置临时施工道路。

(5) 堆石填筑施工受气候条件的影响小,有效年工作日数增加,加快工期。

第一节 (主、次)堆石体填筑

一、坝体填筑规划

1. 填筑规划的主要内容

(1) 施工分期方案的选择、施工方法的确定;

(2) 各阶段的坝体填筑断面、各区坝料及料源平衡方案的确定；

(3) 根据各阶段坝体填筑的起止时间，计算施工强度；

(4) 确定坝区施工道路的布置；

(5) 对施工机械设备和人员进行组合；

(6) 制定保证施工质量的措施。

2. 填筑规划的方法

根据工程总工期和拦洪度汛标准，以施工导流为主导进行坝体施工分期，并与施工场地布置、上坝道路、施工方法、土石方挖填平衡和技术供应等统筹协调，拟定控制时段的施工强度，经过反复协调论证后确定。在此基础上制定施工方案、选择施工设备、计算材料及风、水、电供应计划和临建设施的规模等，进而编制施工总进度计划和施工组织措施。

3. 填筑规划的基本原则

(1) 坝体填筑规划应与枢纽建筑物开挖结合起来考虑，尽可能使开挖料直接上坝填筑，以减少二次装运，争取挖填平衡。一些工程在截流前即进行两岸部分坝体填筑，以利用早期的开挖料直接上坝，其上游坡脚距趾板线不宜小于该处0.3倍坝高，且不小于30m，临时边坡不陡于设计规定值。巴西的辛戈坝截流前在离开上游30m处开始从坝肩向水下抛填堆石料，出水面后进行分层填筑。有些工程将溢洪道或厂区等开挖安排到与坝体填筑同时进行，以便开挖料直接运到坝上填筑。

(2) 坝体填筑规划应与导流度汛、面板施工等结合起来考虑，尽可能使填筑施工连续进行。为了在汛前较短的时间内达到坝体度汛挡水高程，可以填筑坝体上游部分的临时度汛断面，汛期则可继续填筑下游部分坝体。面板浇筑时，坝体填筑可以继续进行而不必中断，以保持施工的连续性。

(3) 在保证按期达到各期计划目标的前提下，力求各个施工分期的填筑强度比较均衡，尽量减小高峰强度与平均强度的比值，避免使用过多的施工机械、劳力和过大规模的临时设施，以保持施工的均衡性。

(4) 面板后不少于30m范围内的垫层、过渡层和堆石体应保持平起上升。这一范围以外的堆石体按设计要求留施工接缝，要求其接缝面坡度不陡于 1：1.4，以保证填筑堆石体的稳定和结合部位的碾压。

（5）为充分利用截流后的施工时段，争取更多的有效工作日，截流后可先期填筑趾板线下游 30m 范围外的堆石体，在此范围内的垫层、过渡层和部分堆石体可待浇筑趾板并养护一段时间后再填筑。

（6）下游护坡宜与坝体填筑平起施工。

（7）拟制定几个施工方案和总进度计划，进行分析比较和优选，应尽可能用计算机程序进行优化计算，选定最为经济并现实可行的方案。

4. 坝体分期填筑方案

根据导流度汛及施工总进度安排需要，堆石坝体可采用分期填筑方案，即在不同施工时段内将坝体分期填筑到不同高程或相同高程的不同部位。图 4-1 为坝体分区填筑示意图。

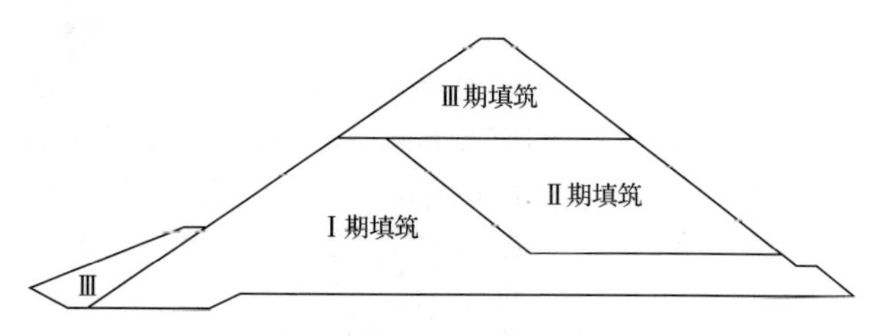

图 4-1 坝体分期填筑示意图

坝体分期填筑的主要优点：

（1）在平面上和立面上进行分期分区填筑，可降低坝体填筑高峰的强度，以提高施工机械设备的利用率。

（2）在同时进行其他建筑物的开挖施工时，开挖料可不经堆存，直接上坝填筑，减少了二次装运。

（3）当采用坝体挡水的度汛方案时，汛前可在坝体上游部分填筑临时断面，以确保坝体在汛期来临时达到安全高程。

(4) 在上游部分坝体处理或面板施工过程中，下游部分的坝体填筑可不中断，以保持施工的均衡性。

(5) 混凝土面板堆石坝可以分期建成，分期蓄水发电。

二、道路布置与运输

1. 运输设备选择

坝料运输是混凝土面板堆石坝施工的主要环节之一，也是控制工程进度和成本的关键工序。根据国内部分工程资料分析，坝料运输费用约占混凝土面板堆石坝建设费用的55%～62%，因此，确定运输机械的类型和数量、布置顺畅的上坝运输道路、合理解决运输中的问题是混凝土面板堆石坝施工中的重要课题。

在国内外混凝土面板堆石坝填筑施工中，坝料运输方式主要有两种：一是自卸汽车运料直接上坝；二是皮带机运料至坝区，再由自卸汽车转运上坝。由于自卸汽车运输具有机动灵活、适用性强、运输量大、爬坡能力强、转弯半径小、卸料方便、可直接上坝等优点，因此是目前国内外广泛使用的方法。

对自卸汽车型号和载重量的选择，应根据工程量、工期、运距、道路条件以及施工单位现有设备等情况进行综合分析后确定。主要应考虑以下几点：

(1) 坝体堆石料的最大块径可达 80cm 或更大，块重较大，一般有棱角，要求车厢具有良好的抗磨和抗砸能力。在选择车型时应选择由耐磨、抗砸伤的优质钢材制成的车厢和外形合适的车体形式。

(2) 运输量的大小往往是决定汽车载重量大小的关键因素，一般坝体填筑方量越大，则自卸汽车的载重量也越大，以利减小车辆台数和提高上坝强度。国内混凝土面板堆石坝工程自卸汽车的载重量为 15～45t。对于坝体方量为几十万 m^3 至 100 万 m^3 的中小型工程，一般选用 20～30t 级自卸汽车；对于坝体方量达几百万 m^3 至 1000 万 m^3 以上的大型工程，一般选用载重量为 30～45t 级甚至更大的自卸汽车。选择汽车载重量还应考虑运距长短，一般运距越长，汽车载重量越大则越经济。

(3) 装运配合问题，自卸汽车的载重量应与挖装机械的斗容相互配合，以充分发挥机械的使用效率。一般挖装机械的斗容与汽车车厢容积的比值在1∶4～1∶10的范围内选择，当运距较短时，宜采用较大斗容的挖装机械，以减少装车时间。

(4) 机械配件的供应，选择自卸汽车时应力求保证自卸汽车的机械配件、备用部件易于供应，以便机修工作能在施工现场及时进行。

(5) 自卸汽车的台数或总运力应满足填筑强度要求，可按后文相应公式计算。

由于高强度的机械化施工，机械设备的维修保养工作尤为重要，必须引起高度重视，以提高施工机械的完好率。需备有足够规模的机械维修力量，并配有足够数量的机械备件，随时提供维修服务。

2. 施工道路布置

施工道路条件直接关系车速、循环时间、运量、运费单价、机械轮胎的使用寿命、司机疲劳以及行车安全等。由于混凝土面板堆石坝填筑强度高、车流量大，因此对施工道路的布置和质量要求也高。

(1) 施工道路的线路布置。根据地形条件、枢纽布置、工程量大小、填筑强度、运输车辆情况来统筹布置场内施工道路。由于往返双线线路要求路面较宽，错车频繁，在转弯处不安全；进出各料场、坝区时车辆穿插、干扰较大，影响机械效率，故运输坝料的施工道路应尽可能采用单向环形线路。只有在无条件布置单向环行线路的情况下才布置往返双向线路。

施工期间可以随着坝体上升在坝坡或坝体内部灵活地设置“之”字形上坝道路，以便最大限度地减少坝体外的上坝道路，这对于岸坡陡峭、修建道路困难的地方意义更大。堆石体内部的上坝道路需根据填筑施工的需要随时变换。图4-2是辛戈坝各个阶段施工的道路布置。

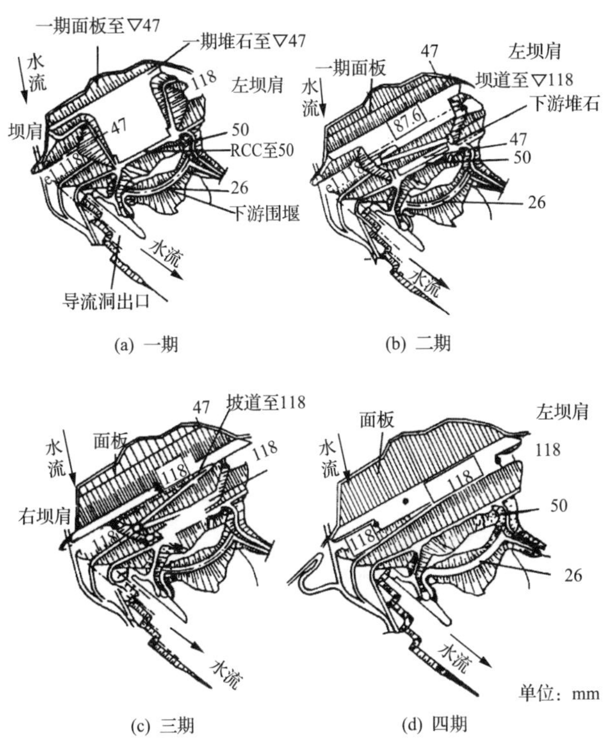

图 4-2　辛戈坝施工道路布置

注：图中数字代表高程，单位：m。

在坝下游坡面上的上坝道路既可以是临时的，在坝体填筑完成后削去，也可以做成永久性的上坝道路。建在堆石坝体中的坡道在任何方向上的陡度均不得大于 15%，下游坝坡上的永久性坡道陡度不宜大于 12%。有些坝的料场布置在坝址上游区，其上坝道路需要跨过趾板，此时必须注意对趾板、止水设施及垫层的保护，保护的方式可以是用堆渣保护，也可以用临时钢架桥跨越。

所有坡道均为大坝的一部分，因此在填筑材料质量、层厚、压实和加水等方面应按照与坝体相同的要求来建造坡道。必须避免在内部坡道的外侧和大坝坝坡上有松动的孔隙比大的堆石。

在岸坡陡峻的狭窄河谷内，沿岸坡修路困难，工程量大，还涉及高边坡问题。有的工程根据地形条件，布置交通洞通向坝区，或用竖井卸料，连接不同高程的道路，也有较好效果。

(2) 道路的设计标准。为满足高强度填筑需要，保证坝料运输畅通无阻，对道路的宽度、转弯半径、坡度、路基和路面均需有一定要求。实践证明，高质量的路面能显著提高车速，减小自卸汽车轮胎的损耗，提高汽车的出勤率。道路的设计标准按自卸汽车吨级和行车速度拟定，施工道路技术参数按照现行行业标准《水利水电工程施工交通设计规范》(SL 667—2014)、《水电水利工程场内施工道路技术规范》(DL/T 5243—2010)或《水利水电工程施工组织设计规范》(SL 303—2004)、DL/T 5397—2007 的规定执行。表 4-1 列出了一些经验值。

表 4-1　　工地道路设计经验值

项目	日本经验			国内土石坝经验
	车速/(km/h)			
	20	30	40	
道路宽度/m	32t 级:12 45t 级:13.5	13.5 15.5	15 17	18t 级:主干 12, 其他 8～10
最小曲线半径/m	30～50	40～60	40～75	15～20
最小车间距离/m	30～40	40～55	60～80	30
最大坡度	干线 8% 支线 13%			最大≤6%～8% 一般≤4%～5%
视距/m	干线 100 支线 50			干线 30～40 支线 15～20

路基材料应满足载重车行驶的要求，尽可能用压缩性小的石料。路面材料，国内一般采用泥结砂卵石或碎石路面，有些工程也采用混凝土路面，对于运量较大、使用时间较长的施工道路建议采用混凝土路面。路面靠山一侧应设纵向

排水沟，横向应有 4%～5%的路拱，以便排除雨水、防止积水。

为减小运输车辆的磨损，降低运输费用，避免交通事故发生，还应重视运输道路的维护保养工作，应设置专门的养路道班，及时清除路面上运输机械掉落的石渣，并经常洒水。线路沿途还应解决好照明问题。

较高标准的施工道路是现代化机械化作业所需，如因节省修路费用而降低道路标准，影响运输车辆的运行和安全得不偿失。

三、堆石体填筑

1. 填筑强度

施工强度是制定施工总进度与措施方案、选择施工设备及数量、计算材料物质供应等的依据，应在保证按期达到各目标的前提下，慎重确定各个施工分期的施工强度，并力求使各期施工强度大致均衡。

施工强度的确定方法是，先根据混凝土面板堆石坝施工分期，计算各时段内的填筑工程量，有效施工天数，并利用式(4-1)计算日平均填筑强度，利用式(4-2)计算日运输强度，利用式(4-3)计算日坝料供应强度。

$$Q_t = \frac{V}{T}K_1 \tag{4-1}$$

式中：Q_t ——日填筑强度(压实方)，m^3/d；

V ——某时段内的填筑方量，m^3；

T ——某时段的有效施工天数；

K_1——施工不均衡系数，可取 1.1～1.3。

$$Q_y = Q_t \frac{\gamma_d}{\gamma_0}K_2 \tag{4-2}$$

式中：Q_y ——日运输强度(自然方)，m^3/d；

γ_d ——坝体设计干密度，t/m^3；

γ_0 ——坝料的自然干密度，t/m^3；

K_2——运输耗损系数，可取 1.0～1.02。

$$Q_w = Q_t \frac{\gamma_d}{\gamma_0} K_2 K_3 \tag{4-3}$$

式中：Q_w ——日坝料供应强度（自然方），m^3/d；

K_3 ——坝料开采损耗系数，可取 1.03～1.05。

在上述计算的施工强度基础上取施工高峰时段的平均施工强度进行核算和综合分析。在所选可能达到的施工强度时，可参考实际工程的指标选用，并根据工程的条件计算可能的施工强度。

（1）可能的填筑强度，按照上升层数按式(4-4)计算：

$$Q_t' = Snh \frac{\gamma_0}{\gamma_d} K_e \tag{4-4}$$

式中：Q_t' ——可能的填筑强度（压实方），m^3/d；

S ——平均坝面面积，m^2；

n ——日平均填筑层数，可根据经验选定；

h ——每层铺料厚度，m；

K_e ——堆石的松散系数，为松方与自然方密度之比，其值<1，根据经验或施工手册选定，对堆石料一般为 0.67～0.75。

按照坝面作业机械设备的能力计算，以碾压工序为例，可能的填筑强度计算公式见式(4-5)：

$$Q_t' = N_n P_h m \tag{4-5}$$

式中：N_n ——碾压机械根据施工场面选择的最多台数，与其数量和碾压方法、振动碾型式、尺寸有关；

P_h ——振动碾的生产率（压实方），m^3/台班，可查用有关概预算定额或按式(4-6)求得；

m ——每日工作班数，台班/d。

$$P_n = \frac{8\eta Bvh}{N} \cdot K_t \tag{4-6}$$

式中：η ——效率因子，一般取 0.85～0.95；

B ——振动碾压实有效宽度，等于碾压宽减去搭接宽度 0.2m；

v ——碾压速度，km/h，一般可取 3～4km/h；

h ——压实土层厚度，m；

N ——碾压遍数；

K_t ——时间利用系数，根据现场条件而定，条件较好的取 0.6～0.8，条件困难的取 0.4～0.6。

(2) 可能的运输强度。根据运输线路的运输能力计算，见式(4-7)：

$$Q'_y = \sum N_i q \frac{Tv}{L} \tag{4-7}$$

式中：Q'_y ——可能的运输强度(自然方)，m^3/d；

N_i ——同类运输线路的条数；

q ——每辆运输机械有效装载方量(自然方)，m^3/台；

T ——昼夜工作时间，min；

L ——运输机械行驶间距，m，汽车运输的行车间距与行车速度有关，一般行车速度为 30km/h 时，车间间距为 25～40m；

v ——运输机械平均行驶速度，m/min。

根据运输机械能力计算，见式(4-8)：

$$Q_y = \sum N_y P_y m \tag{4-8}$$

式中：N_y ——同类运输机械的台数；

P_y ——运输机械的生产率(自然方)，m^3/台班。

(3) 可能的供料强度，根据挖掘机械的生产能力计算，见式(4-9)：

$$Q_w = \sum N_w P_w m \tag{4-9}$$

式中：Q_w ——可能的开挖强度(自然方)，m^3/d；

N_w ——同类挖掘机台数，根据施工场面可能布置的最多台数；

P_w ——挖掘机的生产率(自然方)，m^3/台班。

先应进行填筑强度的复核。在填筑强度可以满足施工进度要求的情况下,再进行运输、开挖强度的复核。当填筑强度不能满足时,一是可以采取一些施工措施,如增加施工设备,或增加有效工作天数;二是减少高峰期的工程量,以调整需要的施工强度。开挖、运输环节的强度复核,应考虑料场、运输线路所需要的附属工程量,需要增加的投资、工期及其经济合理性。如果投资增加很多,其工期又影响到主体工程的施工,则应适当调整坝体填筑强度。施工强度通常需要经过反复综合分析研究后才能确定。

表 4-2 列出国内外部分混凝土面板堆石坝工程实际达到的填筑强度,供参考。

表 4-2　　部分混凝土面板堆石坝的填筑强度

坝名	坝高/m	坝顶长/m	坝体积/$10^4 m^3$	填筑工期/月	填筑强度/($10^4 m^3$/月)		建设时间
					平均	最大	
阿里亚	160	828	1370	32	50	67	1977—1979 年
谢罗罗	125	560	390		15.3	27.3	1981—1983 年
普斯纳	105	600	267	12	22		1979—1982 年
比曼	122	360	272	18	15.1		1986 年竣工
马琴托士	75	465	98	45	8.17		1981 年竣工
巴斯塔延	75	430	58	8	7.25		1983 年竣工
赛沙那	111	213	161	14	11.5		1971 年竣工
默奇松	94	200	90.6	13	6.97		1982 年竣工
格里拉斯	125	120	130	23	5.5		1976—1978 年
广蓄电站上库	68	314	90.7	17	5.3	11.6	1990—1992 年
天生桥一级	178	1137	1870		48	117.9	2000 年竣工
十三陵上库	75	550	270	18	14.74	28.28	1992—1994 年
东津	85.5	322	155	22	17.4	23.2	1992—1995 年
花山	80.8	170.7	66.8	12	7	8.0	1990—1993 年
水布垭	233	674.66	1570	45	38.6	75.11	2001—2008 年
公伯峡	132.2	476.3	476	15	32	52.4	2001—2006 年

由于坝体的高强度填筑，使混凝土面板堆石坝工期大大缩短，这是混凝土面板堆石坝优越性的重要体现，为了达到较高的设计填筑强度，在施工安排上，应考虑以下必要条件：

1）要有充足的料源和稳定的供应强度。在一般情况小，随开采随上坝是较难保证高填筑强度的，因而需有一定的储备量。

2）为加快进度，充分发挥施工设备的效率，就要做好填筑规划，尽可能保持坝面平起上升，特别应注意岸坡处理、边角填筑，使之不致影响平起填筑。

3）慎重研究设备的选型和配套工作。

4）保持施工道路通畅，为此，须重视施工道路的选线，修建较高标准的场内道路，并有专业队伍来保持良好的路况。

5）重视挖填平衡，充分利用建筑物开挖石料。

2. 坝料铺筑

（1）坝面填筑的流水作业法。坝面作业包括铺料、洒水、碾压三道主要工序。还有超径石处理、垫层上游坡面整坡、斜坡碾压及防护、下游护坡铺设等项工作。为提高施工效率，避免互相干扰，确保施工安全，坝面料填筑作业应采用流水作业法组织施工，即把整个坝面适当地划分工作面，形成若干个面积大致相等的填筑块，在填筑块内依次完成填筑的各道工序，使各工作面上所有工序能够连续进行，如图 4-3 所示。工作面的划分应根据坝面面积大小、坝体分区、分段条件并随坝的填筑高程来划分。各工作边之间应插上小旗或划线作为标志，并保持平起上升，避免出现高差，否则容易混乱，形成超压或漏压等事故。

（2）坝料铺填。堆石坝料由自卸汽车运至坝面填筑区以后，采用推土机摊铺、平整。铺填方法主要有进占法、后退法和混合法三种方式，如图 4-4 所示。

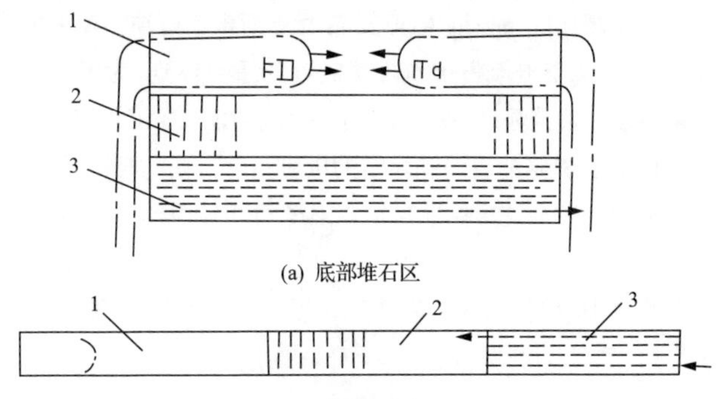

图 4-3　坝体填筑分块示意图

1—铺料区；2—洒水区；3—碾压区

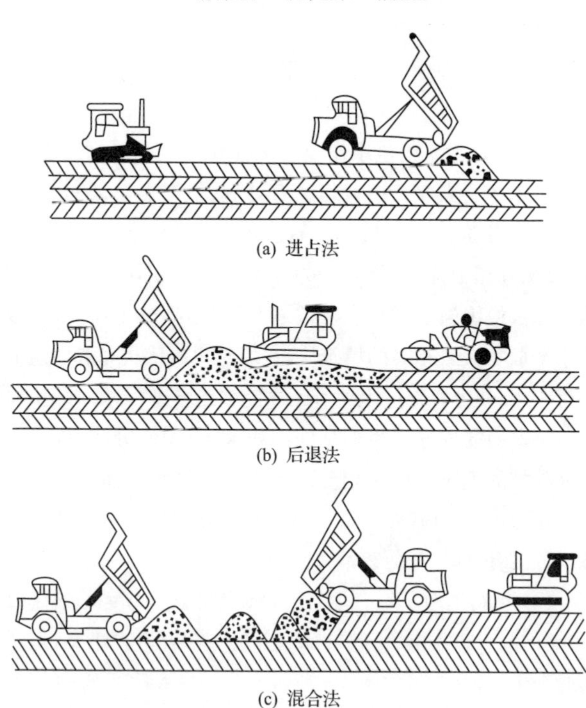

图 4-4　堆石的铺料方法

1）进占法。进占法铺料是运料汽车在新填的松料上逐步向前卸料，并用推土机随时整平。这是最常用的铺料方法。其主要优点是：容易整平，容易控制堆石的填筑厚度，为重车和振动碾行驶提供较好的工作面，有利于减少推土机履带、汽车轮胎和振动碾的磨损。但这种方法容易使石料分离，由于每层已铺好的表面上推土机推一小段距离，可以使大石块在填层的下部，小石及细料在填层的上部，压实密度也有所不同，如图 4-5 所示。过去有人担心这种分离会带来不利影响，现在因经验的累积而逐步改变了看法。库克和谢腊德在论述这一方法时指出，出现分离的成层堆石在技术上没什么缺点，而且除了节省造价以外，还有一些技术上的优点。成层堆石可以使通过堆石体的渗流在水平方向比垂直方向容易流走，这对于未浇筑面板的度汛挡水断面可以增加下游边坡的稳定性。同样，对于细料含量较高的石料，成层堆石的平均渗透系数要比均匀堆石大得多。但是，对于垫层、过渡区料是不允许分离的，而靠近过渡区的主堆石料也不允许有大块石集中、架空的现象。

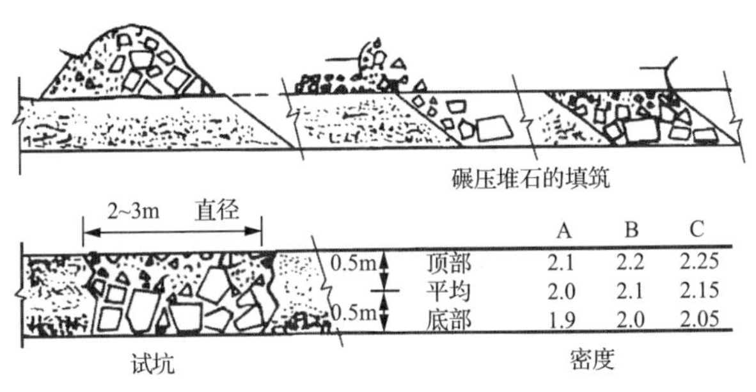

图 4-5 进占法铺料堆石分层情况

（A、B、C 表示选择试坑不同断面）

2）后退法。后退法铺料是运料汽车在已压实的层面上后退卸料，形成许多密集的料堆，再用推土机整平。这样做可以改善堆石分离的情况，但却使堆石料层面不易整平，厚度也不易控制，为振动碾压实带来一些困难，所以较少采用。

但对细料含量较大的垫层、过渡层料，常采用后退法辅料以减少分离。

3）混合法。混合法铺料是在已压实的层面上先用后退法卸料，组成一些分散的料堆，再用进占法卸料，用推土机整平达到所要求的厚度，此法兼有进占法和后退法的优点，适用于层厚较大的情况。

铺料时必须采用大功率的液压堆土机，在刀片上施加压力，以便控制厚度。其生产能力应与汽车的运输能力相适应，做到随卸随平，并一次摊铺到设计厚度。积压太多或一次铺料不符合设计要求的厚度，再要纠正是十分困难的。为此质检人员应随时检查铺层厚度，如不符合要求要及时通知推土机司机予以处理。

有时遇到特别坚硬的岩石，棱角很锋利，汽车、推土机、振动碾等损失严重，特别是汽车轮胎损失更大，而且不能有效压实。这时可以先用后退法铺料，然后用进占法在表面铺一层 10cm 左右的细料，碎石和沙砾石均可，以改善层面平整度，有利于机械运作和有效压实。

（3）坝体各区的填筑及结合部的处理。混凝土面板堆石坝堆石体分为垫层区、过渡区、主料石区和次堆石区，各种料物的颗粒组成、填筑碾压参数不同。根据国内外经验，目前坝料铺层厚度已趋于标准化，通常垫层、过渡区层厚取 0.4～0.5m，主堆石区厚度取 0.8～1.0m，次堆石区厚度取 1.0～1.6m，主堆石区层厚是垫层和过渡区层厚的 2 倍，以便使过渡区和堆石区有良好的搭接，保持上游坝面平起填筑。垫层区、过渡区、主堆石区的铺料顺序应从上游往下游铺料，如图 4-6 所示。允许垫料占压过渡区、过渡料占压主堆石区，但不允许过渡料占压垫层区、主堆石料占压过渡区。

对于垫层料的摊铺方法如采用自卸汽车卸料和推土机平料的方式，则其宽度取决于推土机刀片的宽度，一般需 3m 左右。有些工程由于垫层料需要人工制备，价格昂贵，料源不足，垫层料设计较薄，其摊铺方法则需采用反铲或装载机

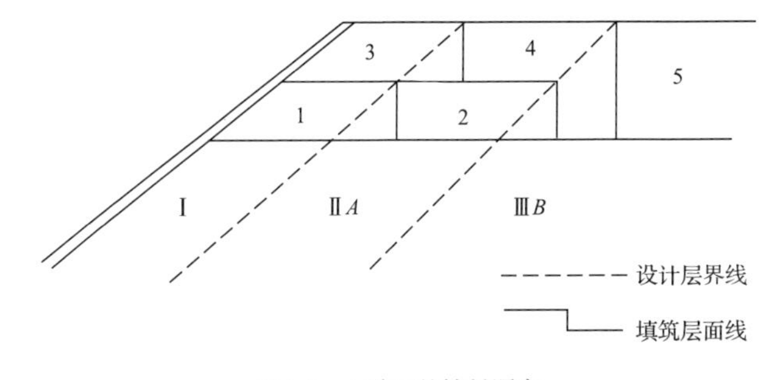

图 4-6　上游区的铺料顺序

Ⅰ—垫层；ⅡA—过渡区；ⅢB—主堆石区；1,2,…—各层填筑顺序

的料斗沿上游边线铺料，并辅以人工整理。垫层区摊铺时的上游边线应超过设计边线 10～15cm(坡面法线方向)，待坡面修整和斜坡碾压后达到设计边线。

过渡层区与垫层区或主堆石区的界面不能有大石块集中或架空现象。有些工程由于过渡料中超径块石较多，或主堆石区从下游向上游界面进占铺料，超径块石推到界面引起块石集中、细料偏少，因此，必须尽量降低过渡料的超径块石率，少量的大块石可用推土机推到离界面较远的堆石区使用，或推到下游坡面用作护坡石。

主、次堆石间的界面虽不十分严格，但要求主堆石料可以占压次堆石区，次堆石料不能占压主堆石区。

(4) 坝体与岸坡结合部的填筑。混凝土面板堆石坝堆石体地基要求不能有反坡，因为在反坡的情况下坝料不易填满，也无法靠近边坡碾压，故反坡部位应予以削坡、填混凝土(或浆砌石)处理，如图 4-7 所示。

坝体与岸坡或混凝土建筑物结合部填筑时，如不采取适当措施，易出现大块石集中现象，加之振动碾压不容易靠近碾压，而该部位填筑质量的好坏对坝体及周边缝的变形有较大影响。我国一些混凝土面板堆石坝该部位大多处理得不够理想。此部位一般采用的方法是填筑偏细的材料(垫料层或过渡料)，减薄铺筑层厚，然后尽可能使振动碾沿岸坡方向

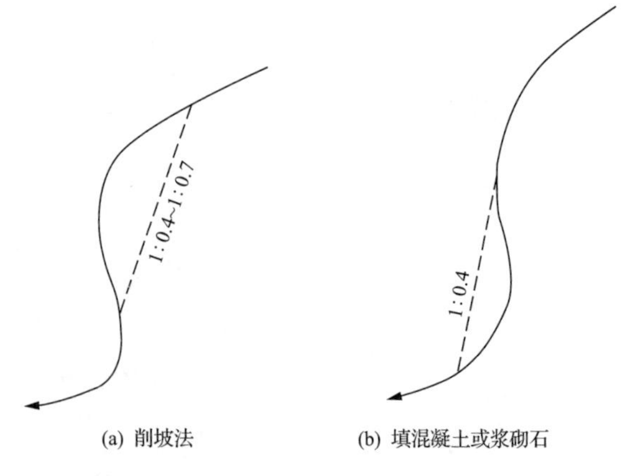

图 4-7　岸坡的反坡处理

碾压,压不到的局部地方,使用打夯机夯实或用小型振动碾压实,同时应多洒水。天生桥一级水电站参照国外经验,采用平板振动器压实结合部位,效果良好。

如岸坡残存坡积物,天然容重较高,中间不存在黏性土夹层,应按设计要求处理,如设计无特殊要求,则除应清除草皮与腐殖土外可以不予清理,但必须设置反滤层,一般使用沙砾石料或过渡料作反滤料。填筑时先填堆石料,沿岸预留沟槽 20～30cm,最后向沟槽中回填反滤料。

(5) 坝体分期分段填筑时接合部的施工。分期分段填筑的接合部位容易出现漏压与欠压的质量事故,因为振动碾碾压时,靠近外坡都存在一定厚度 30～50cm 的松坡无法压实,如图 4-8 所示。另外在填筑上层料时很难避免上层料不向下部溜滑,从而增加了松坡带的厚度。如一次填料厚度为 1.5m 时,外坡坡度 1∶1.3,则底部约 2.35m 处于未压实或半压实状态。这部分松料需在下一期填筑外部料时加以处理。

对于一坡到顶收坡的处理方法是进行削坡。利用装载机或反铲将松料挖下铺平,然后碾压。或利用推土机削坡,在后填筑区填新料时,靠近先填筑体边坡处留一沟槽,推土

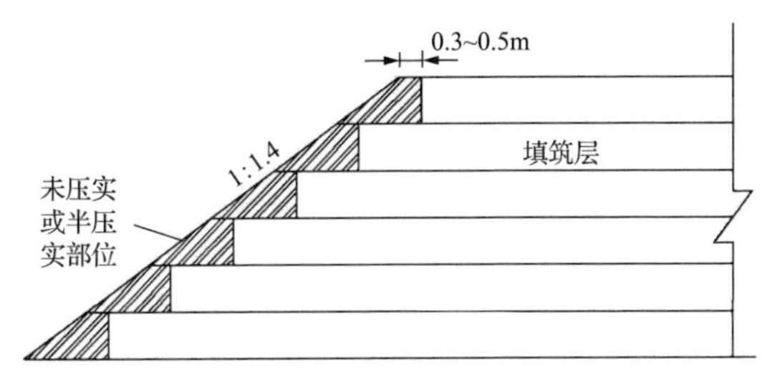

图 4-8　未压实的边坡

机在新填筑层上部削坡，边削坡边填至预先留下的沟槽中，如图 4-9 所示，即将图中的Ⅰ（松方）削填至Ⅰ′沟槽中，削至水平宽度 1.0～1.5m。这时未压实或半压实的顶部露出，待碾压新填料时一并骑缝碾压接合部。然后依次边削边填边碾压到顶部，使先填筑区的外坡松散带得到处理。

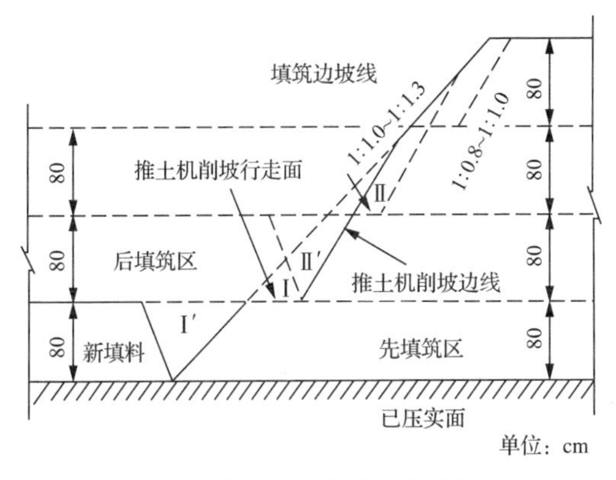

图 4-9　削坡法处理松散边坡示意图

如填筑场面较大，可采用台阶收坡法。下一期填筑接坡时不再削坡，仅用碾压机具骑缝压实即可，如图 4-10 所示。台阶宽度可视铺层厚度而定，层厚 1.0m 时台阶宽度以 1.0～1.5m 为宜，层厚 1.6m 时台阶宽度以 1.5～2.0m 为宜。这种方法可以简化工序，易保证质量，更能适应机械化快速施工需要，故应优先选用。

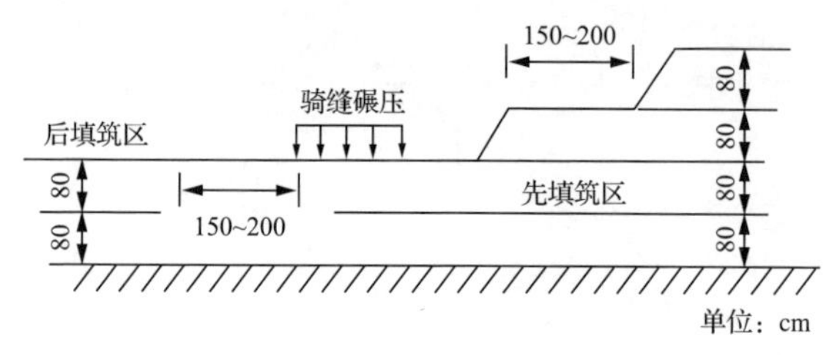

图 4-10　台阶收坡法填筑边坡

3. 坝体碾压

(1) 坝料压实的方法。坝料压实的原理是借助压实机械的重复荷重或振动作用，使堆石坝料的颗粒和块体位置得到重新排列，堆石体孔隙减少，密实度增加，并改善其物理力学性质，使压缩性降低，强度提高，稳定性增强。因此，坝体填筑时的压实对大坝质量有极为重要的意义，它是控制堆石坝体质量的关键工序，对坝体变形、边坡稳定等有重要影响，同时坝料压实还关系着坝体的填筑强度。但从堆石填筑的价格组成来看，压实费用仅占堆石单价的 6%～9%。因此对高坝以提高压实功能，增加坝体的密实度，改善坝的运行性能是值得的。

早期的堆石坝是厚层抛填式的，没有专门压实工序，后来曾用高压水冲洗的方法将细粒冲洗到粗料孔隙中以增加密实度，但效果极微，只影响到表层。在过渡时期，曾将厚层减薄到 3m 左右，用重载自卸卡车及推土机行走碾压，效果也不佳。近代的堆石坝，引入振动碾进行薄层碾压，使堆石体填筑质量有了质的变化，是混凝土面板堆石坝进入现代阶段的重要标志。

土石料压实的方法可分为静压、冲击和振动三大类。静重压实机械主要有平碾、羊足碾、凸块碾、网格碾、气胎碾等，其工作原理是在填土表面施加静荷载，在土中产生压应力而使土压实。羊足碾、凸块碾等机具还有搓揉作用，同时可在土中产生剪切力，与压力共同作用。冲压式压实机械主要有夯板、电动夯、爆炸夯、冲击碾等，是靠重锤下落时在填土表面产生冲击力，从地表传入土中的压力波起压实作用，兼有静压力和振动作用，但振动产生的压力波是间歇性的，其效果较低。振动压实机械主要有振动板和振动碾，可在填土表面施加一种快速和连续的冲击，每次冲击就在土中产生一个压力波，使土得到压实。平碾用于压实无黏性土，而羊足碾、凸块碾、网格碾等可用于压实黏性土。在振动压实过程中，动应力起主要作用，如 13t 振动碾，振动和不振动的土中应力比为 5∶1。这三类压实机械的工作原理示意图见图 4-11。

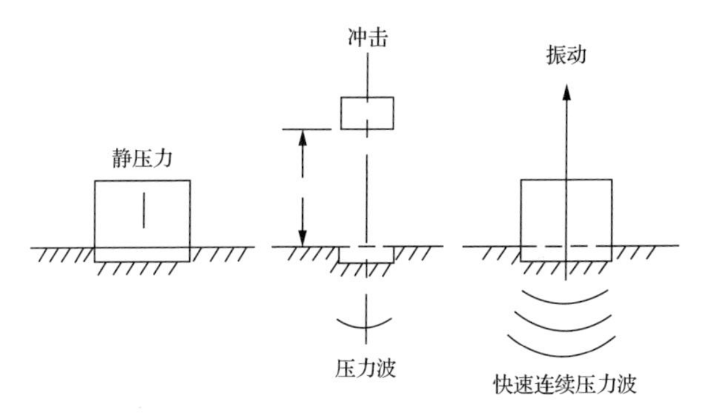

图 4-11　三类工作机械工作原理示意图

振动作用能促进更好压实，主要是两种作用。一是振动时土石颗粒处于运动状态，土中粒间阻力大大减少甚至消失，有利于土的压实。二是由于静重和压力波形式的动力作用，在土中同时产生压应力和剪应力，且以动应力起主要作用，大大增加压实的应力，更易于克服粒间阻力，使颗粒重新定位排列而趋于密实状态。此外，颗粒及棱角的破碎也可增加其密实度。

传统的大坝碾压施工，由人工驾驶碾压机，施工的精准度和碾压效果容易受到人为因素的影响，出现有的地方碾压遍数不够等问题。近年来，我国的前坪水库和中国水电五局承建的大渡河长河坝水电站大坝工程采用了一种无人驾驶智能碾压技术。该技术的原理是:碾压机通过 GPS 信号实现远程控制,对某一区域碾压时,首先输入该区域的四个坐标,然后系统发出指令,碾压机就在此区域内自行工作,遍数、速度、轨迹等均可实时精确监控,碾压轨迹不重不漏,次数不超不欠,同时,通过实时激震力检测,能准确掌握筑坝砂石料相对密度是否达标。该技术的应用,实现了高性能无人驾驶振动碾集群化作业。

无人驾驶振动碾集群化在大坝填筑中的成功应用,将成本、进度、质量、安全、劳动保护等效率大幅提升。在质量控制方面,避免漏压、欠压、超压,确保一次碾压合格率;在施工效率方面,比人工驾驶作业施工效率提高约 10.6%,同时可缩短间歇时间,延长工作时间约 20%。此外,还可降低人为影响和夜间施工安全风险,有效减少振动环境下对人体的损伤,减少人力资源的浪费。

(2) 振动碾。

1) 振动碾的类型。在堆石坝施工中,主要有两种类型的振动碾,即牵引式和自行式。常用的振动碾如图 4-12 所示。

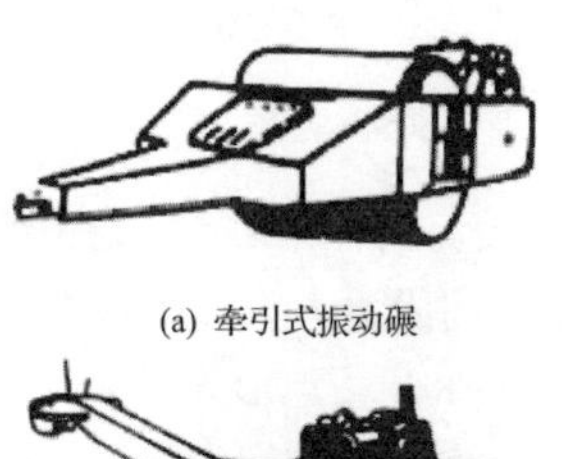

(a) 牵引式振动碾　　(b) 用轮胎驱动的自行式振动碾

(c) 手扶式双轮振动碾　　(d) 前后轮全驱动的重型自行式振动碾

图 4-12　常用的振动碾

牵引式振动碾，其自重即为压实有效重量，自身动力仅供给振动能量，而由其他牵引机械（如拖拉机、推土机等）拖动行走。这种振动碾生产效率高，用途广，其有效重量大，在大面积上使用较好。由于振动碾不是连续工作的，有时停置很长时间，牵引机械可以卸下振动碾去干别的工作，提高机械设备的利用率，这也是牵引式振动碾的一个优点。常用牵引式振动碾的技术参数见表 4-3。

自行式振动碾，集行走、振动工作动力和操作系统于一体，常见的自行式振动碾使用两个充气轮胎驱动行走，钢制滚筒振动压实，也有前后轮全驱动的重型自行式振动碾。常见自行式振动碾的技术参数见表 4-4。自行式振动碾的特点是运转灵活，操作方便，其标称重量为整机全部重量，而对压实有效的只是滚筒重量，不包括牵引设备的重量，一般只有总重量的 50%～60%。如德国宝马 BW217D 自行式振动碾总重量 17.64t，而滚筒重量为 10.62t。因此，一般用牵引式振动碾作为主要压实机具，而自行式振动碾压实垫层、过渡层及边角部位。

在堆石坝施工中，除使用牵引式和自行式振动碾外，还使用手扶式振动碾，这是一种小型振动碾，如陕西水利机械厂生产的 YZ-07 型手扶式振动碾重量为 0.85t，激振力为 2.35t，振动频率为 48.3Hz。手扶式振动碾用于大型振动碾不能达到的边角部位的压实。

2）振动碾的工作性能。振动碾的压实效果，在不同程度上取决于振动碾的净重、振动轮的个数、振动频率和振幅、碾子行走速度、振动轮直径、振动轮与机架重量比等参数。

① 静重和静线压力。振动碾静重包括机架和振动轮的重量。静线压力系指静重与振动轮宽之比。

假如振动碾静重增加，而其他参数（频率、振幅等）不变，则施加于堆石中的静态和动态压力，大致与静重成比例地增加。压实试验证明，振动碾的影响深度大致与振动轮的重量成正比，如图 4-13 所示，所以静线压力即使对振动碾来说，也是很重要的参数。

表 4-3 牵引式振动碾的技术参数

型号	产地	重量/t	激振力/kN	振动频率/Hz	振幅/mm	滚筒直径/mm	滚筒宽度/mm	静线压力/(N/cm)	牵引功率/kW	工作速度/(km/h)
CK15	瑞典得那派克	15	380	25		1620	2130		55	8
CK04①	瑞典得那派克	7.75	100	26.6		1200	1905		41	
BW10	德国宝马	10.5	183	25	1.5		1950	538		
BW15	德国宝马	16	300	25	1.65		2100	762		
YZT-10L②	中国陕西	10	240	31	1.5	1500	1850	530	59	1～1.2 斜面 1.5～2 水平
YZT-12	中国陕西	12	300	30	1.5	1800	2000	588	74	2～5
YZT-15	中国陕西	14	325	30	1.6	1800	2000	685	74	2～5
YZT-18	中国陕西	18	400	27.5	1.8	1800	2000	882	88	2～5

注：①斜坡专用；②水平、斜坡两用。

表 4-4 自行式振动碾的技术参数

型号	产地	重量/t	滚筒轮压/t	滚筒直径/mm	滚筒宽度/mm	激振力/kN	振动频率/Hz	振幅/mm	静线压力/(N/cm)	牵引功率/kW	爬坡能力
CA30	瑞典得那派克	10.60	6.40	1550	2130	242	30	1.7	380	80	30%
CA15D	瑞典得那派克	14.80	10.20	1520	2130	260	25	1.0 1.8	420	118	45%
BW213D	德国宝马	10.54	6.31	1500	2100	236	30	1.72	300	82.4	37%
BW217D	德国宝马	17.64	10.62	1600	2120	310	29	1.66	400	123	45%
SD-150D	美国英格索兰	15.48	9.33	1600	2135		26.5	1.70	380	120	37%
SD-600D	美国英格索兰	18.14	10.95	1524	2540		25.4	1.47	510	164	45%
CA25	中国徐州	9.10		1525	2130	202	30	1.70	230	80	

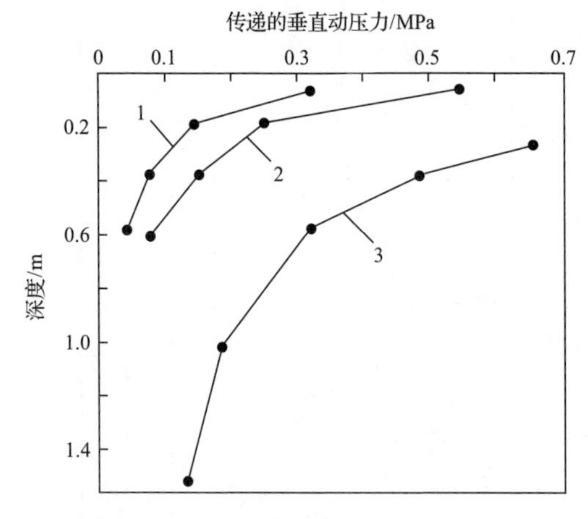

图 4-13 振动碾动压力沿深度分布

1—1.4t;2—3.3t;3—13.0t

② 振动轮的数量。两个轮子全振动的振动碾与只有一个轮子振动的振动碾在产量方面比较,碾压堆石时,后者的平均产量约比两个轮子全振动的产量少 80%,故采用双轮全振式振动碾,生产效率较高。

③ 频率和振幅。试验表明:振动频率在 25~50Hz 之间有一个最优值,其压实效果最好,一般压实堆石和无黏性土采用 30~42Hz,相当于 1500~2500rpm。超过这个频率范围后,频率的变化对压实效果的影响并不显著。如果在这个频率范围内使振幅增大,将会显著改善压实效果和加大影响深度,特别是对粗颗粒影响更大。振动碾用于压实较厚铺层的堆石时,振幅应在 1.5~2.0mm 范围内,相应的适宜频率为 25~30Hz。采用过高的频率和过大的振幅时,将会给振动碾自身的设计、制造带来一系列困难。

在压实状态下,堆石体变得密实而具有弹性。堆石体的作用像一根弹簧,振动碾—堆石体系统有一个共振频率,通常在 13~27Hz 之间,其值取决于堆石和振动碾的特性。在共振频率附近,振动轮的振幅将被扩大。

但是，工作频率过高时会降低压实效果，这是由于在振动运动时，振动轮在太强的振动作用下脱离了地面的缘故。堆石受不规则的沉重冲击（跳跃），引起碾压过度而降低了密度。这时还会引起振动碾机架的振动，振动轮与底架之间的橡胶元件也会发生严重磨损。

④ 碾压行走速度。振动碾进行碾压时的行走速度对于堆石的压实效果有显著的影响。一般碾压速度愈慢，压实效果愈好。若铺层厚度不变，传递至堆石的能量与碾压遍数和碾压速度之比有关。当碾压速度加倍时，碾压遍数也加倍。然而振动碾有一个最佳的碾压速度。在碾压堆石时，一般在3～6km/h。在此速度下可以得到最佳的生产率。瑞典得那派克（Dynapac）研究院通过具体工程进行试验，其试验结果如图4-14所示。法国对轧制碎石进行压力试验，也同样得到最佳碾压速度为3～6km/h。

在大型工程中，最佳碾压速度应根据机械工作性能并通过压实试验确定，建议采用较低车速3～4km/h。

⑤ 振动轮直径。振动轮直径与静线压力有关，静线压力高，振动轮直径也必然大。

⑥ 机架和振动轮的重量比。机架和振动轮的重量比对压实效果有一定的影响，机架重一些是有利的，振动轮可借助机架的重量压向堆石体，从而可以取得更有规则的振动。但是，机架重量有一个上限，超过这个限度，机架重量对振动会产生过大的阻滞作用。

⑦ 振动碾的行进方向。曾有人指出：振动碾只有向前移动时才有效，为此，瑞典福斯布莱德（L. Forsblad）用砂料专门研究了行进方向对压实的影响。从试验结果来看，初期，后退碾压反而比前进碾压效果好，当遍数较多后（如超过6遍），碾子走向的表面沉降很小，继续增加遍数，前进碾压尚有效果，后退碾压已无效果。目前都以前进后退振动碾压均有效计算碾压遍数。

（3）填筑参数对压实效果的影响。

1）堆石的性质。母岩物理力学性质和级配决定了堆石

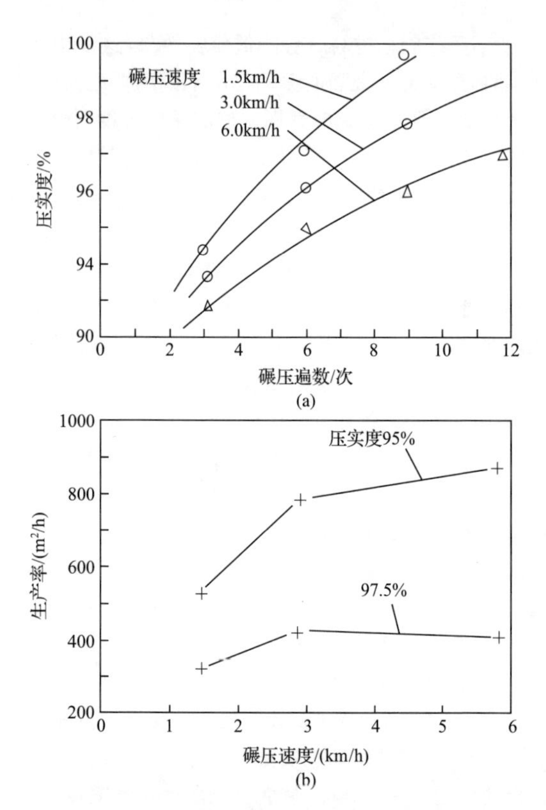

图 4-14　碾压速度、遍数与压实度、生产率的关系

性质。一般来说，任何岩性的堆石料，均可在振动碾的作用下压实到密实状态。对于母岩强度低的堆石，经压实后其压缩性和抗剪强度仍可以满足坝体的运行要求。但是，在相同压实密度下，硬岩堆石料的变形比软岩堆石料小。因此，为减小混凝土面板堆石坝坝体变形，往往在压实软岩堆石料时，采用减小层厚、增加碾压遍数的方法，提高其压实度。

堆石的级配，对压实效果有很大影响。经验表明，堆石的不均匀系数 Cu 与堆石孔隙率 n 显著相关。一般 Cu 值越大，说明堆石级配愈不均匀，其压实效果也就愈好。但 Cu 值越大，堆石越易分离。

堆石的最大粒径对压实度也有很大影响，一般堆石粒径越大，就越不容易压实，所需要的压实功也就越大。一般要求堆石的最大粒径为层厚的0.8～0.9倍，个别大石可等于层厚。

2）堆石的铺层厚度。振动碾的振动力以压实波的方式向堆石体内传播，动压力随深度的增加逐渐减弱，如图4-13所示，因此，铺层厚度对压实效果影响甚大。铺层厚度越薄，愈容易压实，如80cm铺层厚度与160cm铺层厚度相比，在相同压实功条件下，前者的干密度可提高8%，压实模量可提高50%。但从生产效率考虑，厚度越薄，坝料需要开采、填筑的成本越高，填筑强度越低，因为填筑厚度薄，要求坝料最大粒径小、开采费用高，而且，填层厚度薄，所需要碾压的层数增多。可见，铺层厚度并非越薄越好，而应经过现场碾压试验，根据坝体各区的填筑标准，选择最优的铺层厚度。

国内外对铺层厚度有不同的理解，有的是指压实前的厚度，有的是指压实后的厚度。利斯坝的施工规程中就是取压实后的厚度，这可以限制块石的最大粒径不会超过铺层厚度。而国内铺层厚度一般是指压实前的铺料厚度。

3）碾压遍数。碾压遍数和碾压速度相当于作用于堆石层上的压实功，对压实效果和生产效率影响很大。从一般工程的试验结果来看，压实度随碾压遍数的增加而增大，但碾压6～8遍以后曲线趋于平缓，增加碾压遍数对压实度增加已不明显。

碾压遍数与压实度的关系因各个工程的材料不同而不同，需通过试验而确定。一般堆石填筑的碾压遍数为4～6遍，少数达8遍。

4）洒水量。为提高堆石的压实效果一般应适当洒水。洒水的目的是使材料湿润，软化细粒，使块石棱角容易压碎，以便于压实和减小堆石体竣工后的沉降。试验表明，只要堆石中含有足够的细颗粒，洒水量对任何类型的堆石都有影响。对于强度较低或吸水率较高的岩石，洒水效果较为明显。但对于吸水率低（饱和面干含水量小于2%）的坚硬岩石，洒水效果不明显，可以少洒或不洒。在寒冷地区冬季施工不能洒水，可采用减薄层厚，增加碾压遍数等办法加以弥补。

洒水量的大小与筑坝材料的种类、施工方法有关，一般宜为堆石体积的10%～25%。当垫层料较细时，应严格控制洒水量，避免出现“橡皮土”现象。坝轴线下游的堆石区可不洒水。洒水量的大小一般通过现场碾压试验确定。

洒水方式一般有3种：①在振动碾运行过程中洒水，随洒水，随碾压；②在推土机铺料以后的填筑区洒水后碾压；③在未经平整的料堆上洒水。目前，国内工程大多采用第②种方式。具体使用哪一种方式还需根据现场施工条件而定。

国内一些项目各分区的参数见表4-5。

（4）碾压试验。碾压试验是指在工程施工条件下，对所采用的筑坝材料进行现场填筑和压实的试验。由于每一工程的规模、坝体设计要求、填筑坝料的性质、施工单位的技术装备和施工技术水平等各有不同，加之堆石料粒径较大，室内试验不可能采用原级配进行，而一般工程都需要进行现场碾压试验，以便确定符合施工实际需要的碾压参数，取得最有效的压实效果。

碾压试验的目的是：核实坝体填筑设计压实标准的合理性，如规定的压实干密度、孔隙率能否达到。通过碾压试验对原设计的压实密度进行验证，如发现有出入时，可根据试验成果提出相应的建议，由设计单位核定施工控制的干密度值；检验所选用的填筑压实机械的适用性及其性能的可靠性；确定经济合理的施工压实参数，如铺层厚度、碾压遍数、加水量等；研究和完善填筑的施工工艺和措施；制定填筑施工的实施细则；确定压实质量控制试验方法，积累试验资料。

碾压试验一般在施工阶段进行。由于对堆石料填筑已积累相当经验，可以参照已有工程经验用类比法选定填筑标准和压实参数，然后在施工初期结合坝体填筑或专门进行施工条件下的试验，验证和核实压实参数，并在必要时通过设计

表 4-5　国内 200m 级高混凝土面板堆石坝施工特性统计表

坝名	堆石分区	碾压参数				干密度/(g/cm³)	孔隙率	最大粒径/mm
		层厚/cm	碾压遍数	洒水量	碾压设备			
天生桥一级	主堆石区	80	6	10%～20%	10t 自行式振碾 18t 牵引式振碾	2.1	23%	800
	软岩料区					2.15	22%	
	次堆石区	160				2.05	24%	1600
洪家渡	主堆石区	80	8～10	15%	18t 自行式振碾 25t 牵引式振碾	2.181	20.02%	800
	次堆石区	160	22～27		25t 三边形冲碾	2.19	19.69%	
			22～27			2.181	20.02%	1600
	次/排水堆石区	120	8		18t 自行式振碾 25t 牵引式振碾	2.12	22.26%	1200
水布垭	主堆石区	80	8	10%～15%	25t 自行式振碾	2.18	19.6%	800
	次堆石区					2.15	20.7%	
	排水堆石区	120		10%				1200
三板溪	主堆石区	80	8～10	20%	25t 自行式振碾	2.17	19.33%	800
	下游堆石区					2.15	17.62%～19.48%	
	排水堆石区						20.07%	

单位进行适当调整。对于重要或有特殊情况(如料物特殊、特高坝、压实要求高等)的工程,需要在设计阶段进行试验的,可以结合现场爆破试验进行,但应尽可能模拟实际施工条件和机具。

1) 碾压试验的准备工作。碾压试验是一项认真细致的工作,必须组织专门班子进行,专门负责,应做好如下准备工作:

① 周密、准确的料场调查是进行碾压试验的依据。试验前应对各类堆石料料源(包括爆破料、建筑物开挖料、天然砂砾料、掺配制备料)进行充分调查,掌握各种料物的物理力学性质,以便选择有代表性物料进行碾压试验。

② 熟悉混凝土面板堆石坝设计对各填筑区坝料的要求和压实标准。

③ 制定碾压试验大纲,确定试验要求和内容。在选定压实机械前提下,应分别对主堆石料、次堆石料、过渡区料、垫层料进行碾压试验。

④ 选定试验场地,试验场地应选在坝体以外、地基较坚实平坦的地段。中小型工程可以在施工初期结合坝体填筑,在坝体下游范围内进行,但应以不影响施工总进度和填筑质量为前提。试验前应进行修路、平整和压实场地、通水等工作,以保证试验正常进行。

⑤ 根据施工可能使用的机具类型,备齐试验所需的设备、工具、器材,并逐件详细检查。对量测器材,应核实其规格、量测范围和精度。试验用的机械设备应尽可能采用正式施工的设备。试验机具包括装载机(或挖掘机)、自卸汽车、不同类型的振动碾、推土机,以及试验用的筛分工具、取样套环、称量设备和供水设施等。对选定的振动碾,应详细了解其技术性能和参数,并检测其实际工况,如达不到技术指标,应予以维修和调换。

2) 碾压试验内容和参数组合。堆石料压实参数包括机械参数和施工参数两大类。试验前,应根据类似的工程的实践经验,初步选定集中碾压设备,并核定若干个施工参数。

振动碾型号一经选定，则碾重、振幅、频率、激振力等机械参数也基本确定。只是对个别大型工程，要进行不同型号振动碾的比选。施工参数包括铺层厚度、碾压遍数、行车速度、加水量等。碾压施工参数组合时，如用各参数间的循环组合，则工作量太大，且并非必要。一般宜采用逐步淘汰法，即固定其他参数，变动一个参数，通过试验求出此参数与压实效果（干密度）的关系曲线；然后固定此参数，变动另一个参数，通过试验求得第二个参数与压实效果的关系曲线；依次类推，使每一个参数通过试验求得一个最优值。最后用全部最优参数，再进行一个复核试验。若碾压结果能满足设计、施工要求，即可将此碾压参数组合作为施工时的碾压参数。

在选择填筑、碾压参数时可参考下列数值：

① 铺层厚度：对硬岩堆石料可取 60cm、80cm、100cm、120cm、160cm、200cm；对主堆石区取较小值，次堆石区取较大值。对过渡区和垫层区可取堆石料的一半，即 30cm、40cm、50cm、60cm，以便平起填筑。对软岩堆石料和砂砾石料宜选取偏低值。

② 碾压遍数：可取 0、2、4、6、8、10 等遍，垫层斜坡碾压试验时，可取静压 2～4 遍（上下往返一次为一遍），动压 0、2、4、6、8 遍（上振下不振为一遍）。

③ 行车速度：2～3km/h（Ⅰ挡），3～4km/h（Ⅱ挡）。

④ 洒水量：在堆石体积的 0～25％范围内选取，可取 0、5％、10％、20％等几个参数。

在上述参数中，铺层厚度和碾压遍数对压实质量和生产效率影响较大，试验时，应选取多个参数，以便求出碾压参数与压实干密度的关系曲线，便于优选。为了减少工作量，并取得满意的成果，可根据已有工程经验，选取 3～4 个铺层厚度及碾压遍数，固定Ⅰ挡行进速度，只进行加水和不加水的比较，而不作不同加水量比选等。

3）试验场地布置。试验场面积最好不小于 30m×90m，在该场地中按不同铺层厚度和碾压遍数布置试验单元面积。每个试验单元面积的长度，以能获得 2 个试样检查压实密度为宜;宽度以振动碾轮宽的3倍为宜,即长×宽约10m×6m。按铺层厚度布置试验组数,通常取4组,组与组之间的距离为8～10m,具体布置如图4-15所示。

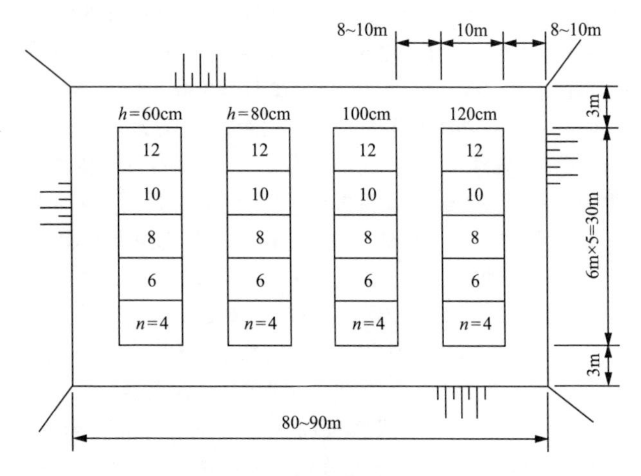

图4-15　碾压试验场地布置

h— 铺层厚度　*n*—碾压遍数

每个单元内还应布置2m×1.5m的方格网,以测量压实沉降量。对于垫层料斜坡碾压试验场地,应选择天然或经人工修正后,与大坝坝坡设计相同的斜坡,也可以结合坝上斜坡碾压进行。

4)试验步骤。

① 平整和压实场地:试验场地必须进行平整处理,其表面不平整度不得超过±10cm。对试验场地的基面应进行振动压实处理,以减少基层对碾压试验的影响。基层的密度至少要与待测试铺层的密度相同。设置测量方格网和起始高程点。

② 检测振动碾工作特性参数,如振动频率、振幅、减振气胎压力、碾重等参数,并作好详细记录。

③ 填筑铺料:按计划的铺层厚度,用进占法铺料,推土机平整。

④ 布置方格网测点：在各试验单元区内布置 1.5m×2m 的网格，以测量压实沉降量，并在填筑区以外设置控制基桩。在各单元的网格测点上以颜色标记和编号，用水准仪测量并记录其初始厚度与相对高程。

⑤ 碾压：分别按核定的碾压行车速度、碾压遍数和洒水量进行试验。在试验场地上的碾压图案如图 4-16 所示。碾压时，以不错距碾压为宜，两条相邻的碾压带连接处，应存在 5%～10%的振动滚筒宽度的压痕，不应重叠。振动碾应在振动滚筒宽度的同一碾带上进退碾压，进退时均起振，各算振压一遍。

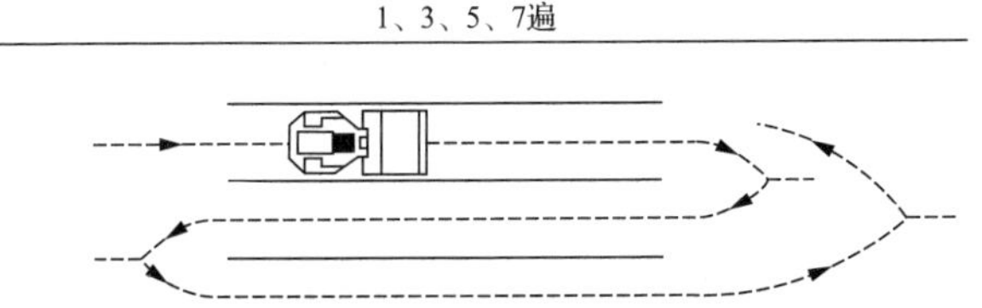

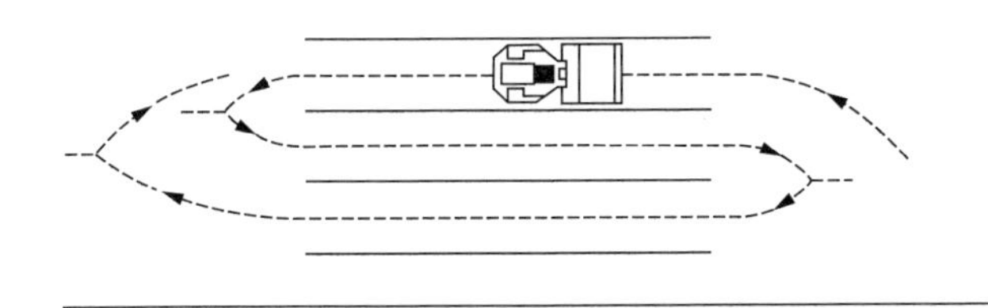

图 4-16 建议在试验场地上的碾压图案

⑥ 测量压实沉降值：碾压完毕后，按前述方法分别测量各网格测点在碾压前后的相对高程变化，从而计算出每一次试验单元的平均沉降率。见式(4-10)、式(4-11)。

$$平均沉降量\ \Delta h = \frac{\sum_{i=1}^{n}(h_i - h_i')}{n} \tag{4-10}$$

$$平均沉降率\ \mu = \frac{\Delta h}{H} \times 100\% \qquad (4\text{-}11)$$

式中：h_i ——碾压前各网格测点的相对高程；

h'_i ——碾压后各网格测点的相对高程；

n ——试验单元内测点数；

H ——试验单元的平均铺层厚度。

⑦ 取样检查：用注水法在各试区分别取样测定压实密度及填料级配。各试验单元压实密度均以 2 个试样的平均值为试验值。

⑧ 根据需要还可以进行一些专门性试验，以丰富碾压试验内容，为设计和施工提供更多的资料。如面波仪、压实计等堆石密度无损检测试验，在碾压试验中积累面波仪、压实计读数与挖坑施测干容重关系的资料，统计其相关关系，作为施工质量控制的依据。

现场压缩模量或变形模量试验。由于室内试验不能用原型材料，有比尺效应，所以有特殊要求时，可在现场碾压试验过程中，用承压板法实际测定，供设计参考使用。

5）试验结果整理。试验资料应由专人整理分析，根据试验成果及时修订下一步试验参数及方法等。

根据上述各测量和取样试验值，经整理绘制如下关系曲线：

① 以铺层厚度 H_1 为参量，绘制压实沉降值 h 与碾压遍数 N_i 的关系曲线；

② 以铺层厚度 H_1 为参量，绘制干密度 γ_d 与碾压遍数 N_i 的关系曲线；

③ 经过计算，绘制孔隙率 n 与碾压遍数 N_i 的关系曲线；

④ 绘制各试验单元的填筑石料碾压前后的级配曲线；

⑤ 绘制在最优参数组合条件下，压实密度与加水量的关系曲线。

（5）碾压参数的选定。根据碾压试验结果，结合工程的具体条件，确定填筑碾压参数及压实方法，并绘制试验报告。

其要点如下：

1）论证设计标准的合理性。通过碾压试验应论证能否达到设计压实密度和孔隙率。若经碾压试验证明：当填筑料级配满足设计要求，在现有碾压设备功能条件下很难达到设计压实密度时，则应根据碾压试验成果，提出相应建议，由设计单位核定施工控制的干密度值。由于我国的施工规范中土石方填筑的合格率为90%，所以填方的平均干密度肯定高于规定的填筑标准值，同时实际施工条件也与试验时有所不同，所以施工控制的干密度一般要比试验成果低一些，如取0.95的折减系数。

2）选择适宜各种坝料的压实机械及其参数，如振动碾型号、行车速度等。

3）提出施工工艺与参数，根据碾压实试验提出施工控制的铺层厚度与碾压遍数。即：在选定的铺层厚度 h 条件下，按 N_i 区最终稳定的最大干密度，再乘以0.95的折减系数，得施工控制值为：$\gamma_d = 0.95\gamma_{d\max}$。

从 γ_d 与 N_i 等的关系曲线上求得相应于某铺层厚度 h 和 N，此时对应值 h、N 即为施工控制值。

对中小型工程，可以参考已建工程的经验，采用类比法选择碾压参数，在正式施工初期进行校核试验，最后确定参数。表4-6为国内一些堆石坝的填筑参数。

表4-6　　国内已建工程堆石料填筑参数表

工程名	岩性	干密度/(g/cm³)	孔隙率	碾压参数			
				层厚/cm	碾压遍数	洒水量	碾重/t
水布垭	茅口组灰岩、开挖料	2.18	19.6%	80	8	15%	25
	栖霞组灰岩、开挖料	2.15	20.7%	80	8	10%	25
三板溪	凝灰岩、凝灰质砂岩	2.17	19.33%	80	8～10	20%	20～25

续表

工程名	岩性	干密度/(g/cm³)	孔隙率	碾压参数			
				层厚/cm	碾压遍数	洒水量	碾重/t
洪家渡	灰岩	2.22	20.02%	80	8	10%～20%	25
天生桥一级	灰岩、砂泥岩	2.16	22%	80	6	20%	18
吉林台	凝灰岩、砂砾石	2.18	22%～24%	80	8		18
紫坪铺	灰岩、砂卵石	2.16	20.6%	80	8～10	10%～15%	26
乌鲁瓦提	砂卵砾石	2.99		80～100	8		20
公伯峡	花岗岩、片岩	2.15	20%	8	8～10		15
引子渡	灰岩	2.15	20%	80	8	15%～20%	
白溪	凝灰岩	2.15	20%	80	6	15%	20
桐柏	凝灰岩、花岗岩	>1.99	<23%	80～90	8	10%～20%	16～20

第二节　过渡料填筑

一、过渡料开采与加工

过渡料位于垫层区和主堆石之间，起承前启后的作用。工程技术要求其应满足渗透过渡要求，形成粒径过渡，对垫层料起到保护作用。过渡料的开采原则首先满足设计级配、粒径的要求，与此同时，为便于施工过渡料开采还要满足所配机械设备挖装运输需要。

过渡料主要用深孔梯段微差爆破方法开采，坝料开采前，应先根据坝料设计的级配要求进行爆破设计及相应规模的爆破试验，确定相应的爆破参数。采用深孔梯段微差爆破开采坝料可以取得良好的级配效果，同时能较好地保护预留岩体，是主要的开采方法。只要爆破方案设计合理,也可获得符合要求的坝料,该方法有设备投入少、成本低等优点。不论采取哪种开采方法,都要注意采区边坡的稳定和环保。其施工流程如图 4-17 所示。

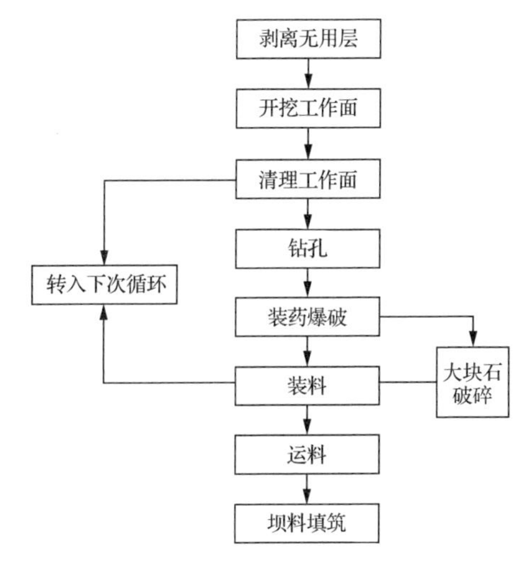

图 4-17 开采工艺流程框图

二、过渡料填筑

填筑时自卸汽车将料直接卸入工作面,倒料顺序可从两岸向中间进行,以利流水作业。堆与堆之间留 0.6m 间隙,用推土机推平,再辅以人工整平。接缝处超径块石需清除,主堆石区料不得侵占过渡区料的位置,过渡区料不得侵占垫层区位置,否则应采用反铲挖除或辅以人工清除。平整后洒水、碾压,碾压时顺坝轴线来回行驶。

公伯峡混凝土面板堆石坝过渡料填筑方法如下:过渡料填筑前,必须把主堆石上游坡面所有大于 30cm 的分离块石清理干净。该料区的最大粒径为 30cm,超径石应在料场或坝面解小。填筑时 20t 自卸汽车直接卸料在工作面,卸料顺序从左向右进行,以利于流水作业。20t 自卸汽车运输,每 5m 范围内卸料 1 车,每车运料约 $7m^3$,根据现场情况做适当调整，达到摊平后基本满足厚度要求。为了减少垫层料的分离，自卸车多点卸料，一般一车料分两次或三次卸完。卸料后用推土机推平或液压反铲平料，再辅以人工整平，厚度符合设计标准。保证主堆石区料不占过渡区料的位置，过渡区料不占垫层区料的位置。铺筑后，与垫层区一并碾压，振动碾顺坝轴线方向行驶，按规定的洒水量、遍数、振幅、频率、厚度及行走速度进行。

第三节　垫层料坡面碾压与防护

一、垫层坡面施工程序与工艺方法

垫层坡面是混凝土面板的支承面，需要进行修整、斜坡碾压和铺设保护层，这样做的目的，一是使坡面符合设计线而没有太大盈亏，保持面板厚度均匀，不致有过多混凝土超浇量；二是对上游坡面进行压实，提高垫层的密实度和变形模量，为面板提供可靠的支承；三是对垫层坡面提供有效的施工期保护。

1. 坡面修整

在填筑垫层时，应向上游坡面法线方向超填 15～30cm，以便为坡面修整提供条件，并为斜坡碾压预留沉降量。为使碾压后刚好达到设计线，超填量应根据坡面修整的方法、斜坡碾压的沉降量以及施工经验而定。超填量不宜过厚，否则，不仅修整困难，而且浪费垫层料。

在铺料时，应由施工人员指挥自卸汽车倒料。在靠近上游坡面 30～50cm 范围内宜用人工铺料，以保证表面级配良好，防止物料下滑。推土机铺料，不易控制，将引起物料过多下滑，并引起粗粒集中在坡面上，增加了削坡和斜坡碾压的难度。

坡面修整的方法随坝体填筑分段用人工或机械完成。目前，国内一般多采用人工修整的方法，即在坝体填筑上升至一定高程，斜坡长度达到数米或十数米后，人工站在斜坡上用锄头将垫层料扒平，人工挂线并逐段用 1∶1.4(或按规定的坝坡度)的斜坡尺检查,在扒平的过程中还需用经纬仪控制。在斜坡静碾 2～3 遍(初碾)以后再整坡一次,如图 4-18 所示。一般需要经过两次人工修整,有些混凝土面板堆石坝的削坡则是一次完成。修整后的边坡线在法线方向应高于设计边坡线 3.5～6.0cm,以预留碾压沉降量。深度超过 15cm 的凹坑要用粒径小于 40mm 的级配良好的细石料回填压实,但碾压后不允许再填平补齐。

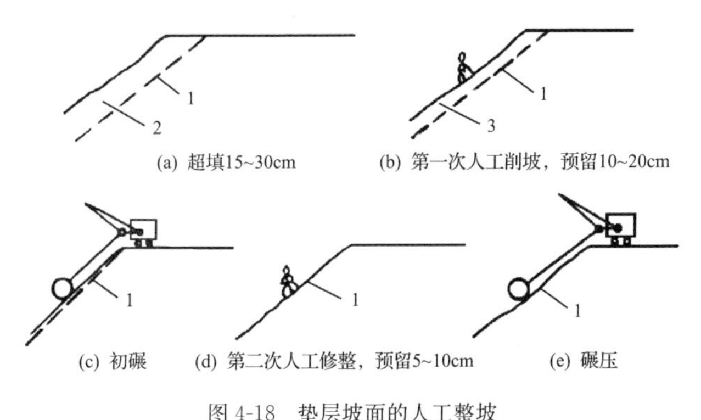

图 4-18 垫层坡面的人工整坡

1—设计边线;2—超填厚度;3—预留厚度

由于人工整坡一般只能往下扒料,垫层料浪费较严重,而且扒下去的垫层料还需挖走,对于较高的边坡,工人站在斜坡上操作不够安全,速度也很慢。因此国外一些工程多用机械整坡的方法。利用激光准线及套筒式长臂反铲进行边坡修整,如图 4-19 所示。每次削坡的边坡长度依臂杆伸缩长度而定。由于机械整坡时,铲斗是往上扒的,扒上来的物料仍可使用,垫层料很少浪费,而且施工速度快。

2. 斜坡碾压

在坡面修整后即进行斜坡碾压。国内外斜坡碾压的方法一般是,根据施工机具的具体情况,每隔 10～15m 高度,利用在填筑坝顶布置的牵引设备牵引振动碾上下往返运行,如图 4-20 所示。

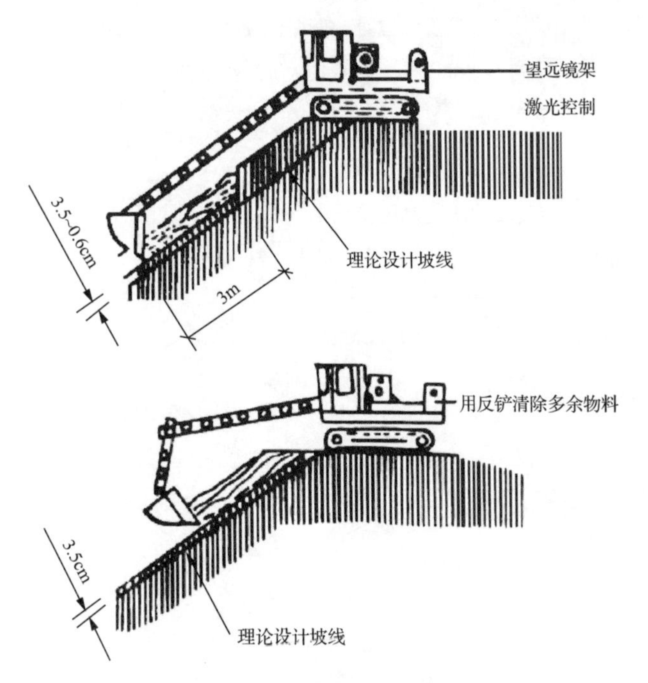

图 4-19　垫层坡面的机械整坡

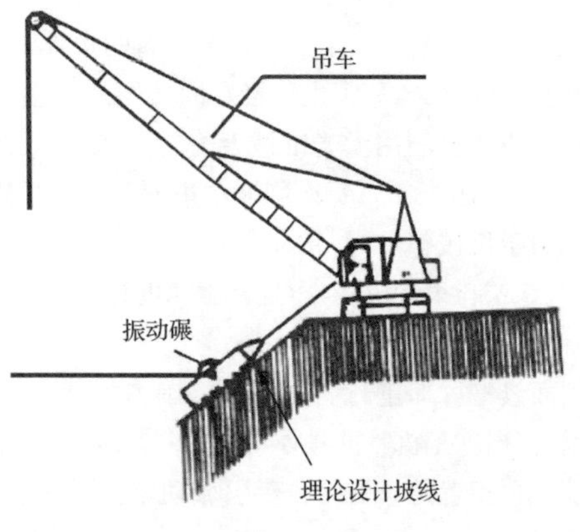

图 4-20　斜坡碾压

具体的方法和步骤是：

(1) 布置索吊，牵引设备布置在填筑坝体的顶面上，可以沿坝的边缘(距边线 2m 左右)行走，用以起吊和牵引振动碾。

(2) 安装振动碾，在安装振动碾时，应保证振动碾在斜坡面上碾压过程中钢丝绳始终与斜坡面平行，而不破坏垫层坡面。

(3) 斜坡碾压，在碾压前应向斜坡面上适量喷水，以达到较好的压实效果。一般先静压 2～4 遍，然后向上行时振动，往下放时不振动，压 4～8 遍。静压的目的是将斜坡面上的浮石先压实，从而防止振动碾压时下滑。采用上振下不振法碾压是因为如果振动碾自上而下行走时，振动将使垫层料下滑，造成斜坡面凹凸不平，所以只能自下而上 行走时振动碾压。

斜坡碾压的遍数可以通过现场试验或工程类比法选择。国内几个工程斜坡碾压遍数见表 4-7。

表 4-7　国内部分混凝土面板堆石坝垫层料特性与斜坡碾压参数

坝名	垫层料特性			斜坡碾压的振动碾	洒水情况	碾压遍数		压实后的干密度/(g/cm³)
	岩性	最大粒径/mm	<5mm颗粒含量			静压	半振碾	
西北口	灰质白云岩	80	30%～40%	12t 牵引式	少量洒水	3	8	2.2
关门山	安山岩	150	16.8%	15t 牵引式	充分洒水	2	2～3	2.07
成屏一级	凝灰岩	80	35%～45%	9t 牵引式	适量洒水	2	4	2.1
株树桥	灰岩	80	30%～40%	12t 牵引式	适量洒水	4	6～8	2.2
广蓄上库	花岗岩	100	39%	12t 牵引式	适量洒水	1～2	4	
十三陵上库	安山岩	150	10%～20%	13.5t 牵引式		2	8(全振)	2.23

斜坡碾压的错位，有两种方法：第一种方法是将振动碾拉到坝顶然后吊起，振动碾连同吊索一起水平移动进行错位；第二种方法是索吊在坝面水平移动一定的距离（等于碾筒宽度，一般为 2m），然后将振动碾从下面斜坡拉到坝顶放下去往返数次，即达到错位的目的。由于后一种方法较为安全，并且静碾工序可以在振动碾错位过程中同时完成，故一般均采用后一种方法，错位时要求碾迹重叠 5～10cm。

国外也有用平板振动压实机进行斜坡碾压的。如澳大利亚的巴塘艾坝，采用的平板振动压实机，振动平板长 1.4m，宽 0.9m，安装在液压挖掘机上。采用这种压实机可以对斜坡和边角部位进行碾压。这种方法的优点是，可以对坡长 3.5m 以内的填筑坡面进行压实，可以及时地对坡面进行压实和保护，而不用等到填筑体升到一定高度再进行压实和保护。此种压实机的另一个优点是可以更灵活、更有效地对趾板附近的边角部位进行压实，而这些部位使用牵引式振动碾是不能或很难压实的。我国天生桥一级混凝土面板堆石坝也开始使用这种类型的平板振动器。

二、垫层坡面防护

经过斜坡碾压的垫层坡面，尽管具有一定的密实度，但其抗水流冲蚀和外力破坏的性能很差，需要对垫层坡面进行施工期防护处理。主要作用如下：

(1) 防止暴雨或山洪径流冲刷垫层坡面。上游垫层坡度达到 35°以上（1∶1.4），且垫层料粒径较小，细粒含量较高，抗冲刷性能较差。工程实践证明，当降雨强度达 30mm/h，垫层坡面就会因雨水的溅落而使细颗粒流失，严重时坡面会因集中水流而出现冲沟。特别是沿两岸山坡的集中水流将冲蚀坝体与岸坡连接处的料物而形成较大冲沟。在西北口混凝土面板堆石坝坝体填筑过程中，垫层料就曾遭过冲蚀，时值汛期，该坝周围地区突降暴雨，雨量达 60mm/h，上游垫层皮面有部分未来得及保护，从右岸岸坡上汇集的山洪，经上游坝坡下泄，引起局部垫层严重冲蚀，在宽 15m 的范围内冲刷成3条宽0.8～1.3m、深1.0～1.7m的冲沟，给修补工作带来了很大的困难，同时影响坝体的继续填筑。类似的问题在安其卡亚、萨尔瓦兴娜等坝上都出现过。安其卡亚施工期暴雨造成宽8m，深9～10m，高程范围22m的大沟，修补后质量不如大面积填筑体，在该处发生了很大的周边缝变形。

(2) 施工过程中保护垫层免受人为破坏。施工时，垫层坡面不可避免地受到施工人员的踩踏和机械的运行。施工实践表明：如没有防护面层，在人员踩踏和混凝土面板绑扎钢筋、浇筑等过程中会伴有大量的垫层料的滚落，引起垫层表面的不平或松散。垫层护面可成为混凝土面板施工的良好工作面。

(3) 利用堆石体挡水或过水时，垫层护面可以临时防渗和防止波浪淘刷作用。在汛期挡水或过水期间，作用在坝坡上的波浪压力远远超过静水压力，对边坡有很强的剥蚀作用，如没有垫层护面可能造成垫层表面的严重破坏。

基于以上三点，垫层坡面防护有以下两方面的要求：第一，垫层护面层应具有一定的强度和一定的抗冲蚀、耐磨损性能，但不应要求护面层强度过高，弹性模量过大，以减小对面板混凝土的约束。护面层应该是半透水或不透水的；护面层应与垫层料结合紧密，防止出现剥落现象。第二，垫层护面应该施工简便，满足快速施工的要求。一般来水，垫层护面是一种临时性的保护措施，施工中只有简便、及时地实施，才不致使垫层坡面因为来不及保护而被雨水冲蚀，而且，这样做也可以为保护段以上的坝体填筑空出作业面，而不致于过多地影响填筑施工。

综合国内外混凝土面板堆石坝的建设经验，垫层坡面防护的方法常用的有喷洒乳化沥青防护、喷射混凝土及碾压砂浆防护、翻模固坡、挤压边墙等几种。

1. 喷洒乳化沥青防护

喷洒乳化沥青防护，是将乳化沥青与细沙交替喷洒、碾压形成的夹砂沥青复合面层。这种方法在国外使用较多，如阿里亚、赛沙那等坝均采用这种方法。

喷洒乳化沥青防护的方法，一般程序是：在上游垫层坡面整平、碾压以后，分二次或三次连续喷洒一层阳离子乳化沥青，用量为 1.75kg/m^2。每次喷后立即撒一层经 3mm 筛筛选的干细沙，形成较为坚实的层面，保护层施工后的第三天，在坡面上再用振动碾自上而下碾压数遍（有些工程此工序未做）。喷洒乳化沥青时应掌握喷射压力、喷射距离与喷射厚度等工艺参数，还应注意撒铺细沙的厚度。

喷洒乳化沥青防护，可以得到较为坚实的保护层面，尚可减小进入坝体的渗流量。但根据国内在西北口工地的试验结果看，采用这种防护方法，施工程序较多，需用专用设备，面层经过一段时间的凝结固化以后，有的部位还可能出现不同程度的龟裂和剥落现象。国内天生桥一级混凝土面板堆石坝采用了喷洒乳剂固坡的方法。

2. 喷射混凝土或砂浆防护

在混凝土面板堆石坝垫层面上应用喷射混凝土始于 20 世纪 70 年代，主要见于哥伦比亚的安其卡亚、格里拉斯、萨尔瓦兴娜等坝。国内的西北口混凝土面板堆石坝也采用了这种方法。四川大桥水库混凝土面板堆石坝则采用了喷砂浆的防护方法。

垫层坡面喷射混凝土防护的方法是，采用常规的地下工程喷护用的设备和工艺，只需要在施工参数上稍加调整即可。由于垫层保护采用的喷射混凝土，是在松散基面的垫层坡面上，与一般地下工程在坚硬的岩面上喷护不同，因此，在其配合比与喷射工艺的选择上，应使喷射混凝土不破坏垫层，使喷射混凝土与垫层面结合良好，同时还要有足够的抗渗与抵抗沉降变形而不开裂的能力。因此，喷射护面施工中应重点研究特定条件下喷射混凝土配合比与喷射工艺参数的优化问题；喷射混凝土质量的均匀性；喷层厚度的均匀性；防止喷射混凝土护面干缩、开裂；减少喷射混凝土回弹率；降低材料消耗、节省施工费用，尽量使施工简便。

喷射混凝土防护能得到坚实、渗透系数较小的保护面层。与喷洒沥青防护相比，喷射混凝土具有防护性能好、施工程序单一、便于大规模机械化快速施工的优点。但喷射混凝土也存在着一定的缺点，如喷射混凝土需要专门的施工设备，施工技术要求高，施工中容易发生堵管现象，喷射厚度不易均匀等。

四川大桥水库混凝土面板堆石坝由水电五局承建，他们有喷砂浆的工程经验，熟悉喷砂浆的工艺，有熟练的技术工人，因此在上游垫层坡面用喷砂浆护坡，效果不错，回弹也不大。可根据具体情况选用。

3. 碾压水泥砂浆防护

碾压水泥砂浆防护，是在垫层坡面上摊铺干硬性水泥砂浆，然后用振动碾压实的方法。这种方法是近年来从关门山混凝土面板堆石坝开始开发应用的，我国一些工程采用此方法，取得了较好的技术经济效果。

碾压水泥砂浆防护的程序与方法如下：

1）摊铺。在坡面平整和一般压实以后，将拌和好的干硬性的水泥砂浆用自卸汽车运输上坝，卸至坡顶坡面以后，由人工顺坡而下扒平摊铺，厚度一般采用4～6cm。在坝面上分条摊铺，每条宽度可选为4～6m，对于个别凸凹不平的面用砂浆填平。

2）碾压。摊铺完一个条状砂浆以后，即可用振动碾进行斜坡碾压。碾压遍数一般采用静碾一遍，半振动碾（上振下不振）两遍。为找平整个垫层坡面，最后再全面静碾一遍。为防止碾压时出现裂缝，应控制振动碾的运行速度，一般向上振碾速度控制在0.3～0.35m/s，向下速度控制为小于0.4m/s。碾压错位时应搭接10cm。

3）防渗处理与养护。为减少渗漏，可在砂浆终凝（约摊铺砂浆8h）前，在砂浆表面刷一层水泥浆，以便提高短期内的防渗性能。当急欲挡水时，可免去此工序。在翌日下午开始洒水养护21d以上。

水泥砂浆采用低强度等级的，28d 抗压强度一般为 5MPa，渗透系数 $K \leqslant 10^{-4}$ cm/s 。砂浆稠度宜控制在 1～2cm，现场也可以采用简易的方法评定，即手握成团，稍触集散的状态。关门山工程中砂浆试验确定的配合比为水泥：砂：水＝1：8：1，水泥采用 RC375 型矿渣水泥，砂为当地河沙，细度模数为 2.75，单位水泥用量为 210kg/m^3。

此外，也可以采用人工涂抹水泥砂浆的方法，即人工直接在坡面工作台上抹灰。这种方法要求水泥砂浆的稠度较大，厚度宜控制在 3～4cm 之间。

砂浆防护在坡面上经碾压密实以后，与垫层料紧密结合，砂浆凝结后形成变形模量高、整体性强的面板基础。砂浆护面作为面板基础在力学上具有合理的过渡性能，并可以为面板施工提供一个平整、坚实的作业面。砂浆护面的渗透系数也较小。

砂浆防护的优点是施工工艺简单、速度快，可以采用垫层斜坡碾压的设备。因此，碾压砂浆作为混凝土面板堆石坝垫层坡面的保护措施，在我国混凝土面板堆石坝施工中是使用较广的方案。

4. 翻模固坡

翻模固坡技术由中国水利水电第一工程局研究开发，在借鉴冷却塔翻模施工技术、碾压混凝土加浆振捣技术、加筋土技术和地锚等技术的基础上，通过采用结构力学和土力学的方法进行了理论分析和结构计算后提出的构想。

(1) 施工原理及方法。利用已形成的下层垫层料填筑层和砂浆固坡的承载能力固定模板。模板靠拉筋固定，拉筋焊接在打入下层垫层料的钢筋地锚上。在模板与垫层料之间的缝隙(通过预埋楔板形成)中灌注砂浆。利用振动碾碾压时模板对砂浆及垫层料的挤压作用和振动碾的振捣作用，使模板下面即上游坡面的垫层料和砂浆达到密实，使垫层料填筑和砂浆固坡同时完成。

模板支立的精度较高，固定牢固可靠，为固坡砂浆和垫层料提供变形微小的侧向约束，所以模板的变位很小，从而保证砂浆固坡的表面平整度偏差不超过设计和规范要求，实现精细化施工。

模板为特别设计、制作的钢模板，上下两层模板之间具有连接机构，并能随意调整角度，上层模板所受荷载能够传递到下层模板，从而提高翻模结构的承载能力。翻模支立结构如图 4-21 所示。

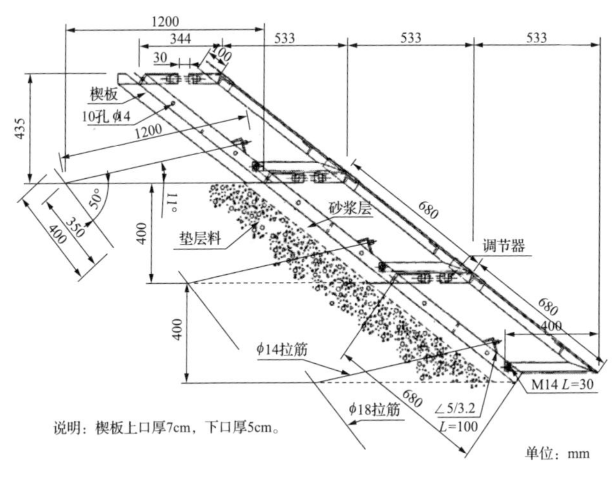

图 4-21　翻模支立结构图

(2) 施工特点。坡面平整度好；固坡砂浆厚度小而且均匀，能够较好地适应坝体变形；不占直线工期，施工速度快；工程造价低，施工干扰小；大坝随时具备挡水度汛条件。

5. 挤压边墙施工

保护坝坡的挤压式边墙法就是在每填筑一层垫层之后在上游面修建一个混凝土边墙，而后在混凝土边墙后碾压此层垫层料。巴西伊塔(Ita)坝首次在上游坡面施工中采用了挤压式边墙施工法，后在巴西马查丁霍坝、巴西伊塔佩比坝、秘鲁安塔米纳坝、莱索托莫海尔坝等工程中得到应用。2002年7月，我们开始将该项技术应用于公伯峡混凝土面板堆石坝工程，先后在龙首二级、芭蕉河、水布垭、旱平嘴等多个混凝土面板堆石坝工程中推广应用。

三、挤压式边墙施工程序与施工方法

1. 施工原理

挤压式边墙施工技术借鉴了道路工程中路缘混凝土施工法，在混凝土面板堆石坝的每一层垫层料填筑前，沿设计断面利用挤压边墙机制作出一个低强度、低弹模、半透水、连续的混凝土小墙，待混凝土达到一定强度(2～5h)后，在小墙内侧按设计要求铺填垫层料，碾压合格后重复以上工序。挤压式边墙机的行进速度一般为40～60m/h。挤压式边墙施工的基本原理如图4-22所示。

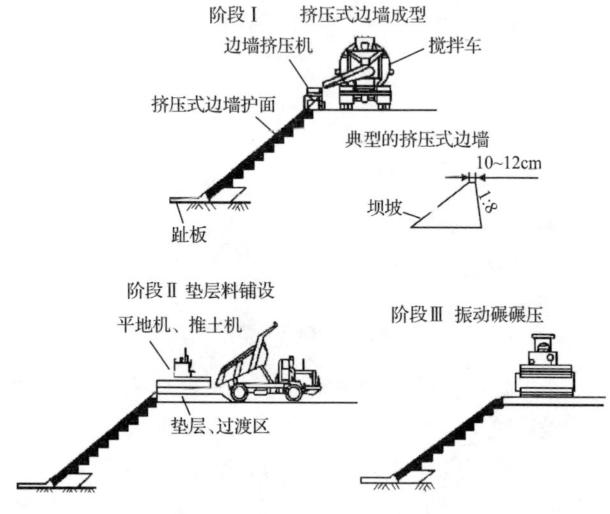

图4-22　挤压式边墙施工原理图

2. 挤压式边墙施工的优点

(1) 减少了垫层料分离现象。

(2) 减少了垫层料在上游面的散落损失。

(3) 及时提供了防冲蚀和防剥落保护。

(4) 减少了施工机具。

(5) 避免人员在上游坡面上作业,使施工更加安全。

(6) 工作效率高,对于坝顶长度为 500m 的大坝,每天可以完成两层的施工。

(7) 简化了施工设备,挤压机为低成本设备。

(8) 施工整洁,坡面可直接进行钢筋敷设和面板施工,减少了超浇混凝土。

挤压式边墙可能是近年来混凝土面板堆石坝施工中最重要的改进:

(1) 边墙为随后进行的模板放置、钢筋敷设和面板施工提供了一个合适的、整洁的表面。

(2) 与传统施工方法相比,可以较好地控制上游面的准直,明显减少了面板施工中的超浇混凝土。

3. 挤压式边墙存在的问题

(1) 挤压式边墙应增添排水设施,以避免面板后静水压力增长,以及施工时和水库水位降落时可能出现的扬压力。

(2) 堆砌的边墙应能承受压实垫层料引起的侧向压力。分两层压实 2B 区垫层料或建造与下一层边墙相衔接的边墙是解决这一问题的可行方法。

(3) 在趾板附近不能建挤压式边墙,因为挤压机只能一端进行挤压,在这个部位必须手工建造边墙,因此倾向于采用变形性能比挤压式边墙小的高强混凝土。另外在边墙和趾板之间必须留有一定的空间,以保护止水,并为在其下面浇筑沥青砂浆垫层留出地方。

(4) 面板后面筑坝材料变形性状的变化可能导致面板产生拉应力,对此应先行采取合适的细部配筋措施。

4. 挤压式边墙技术要求

(1) 挤压边墙断面宜为梯形,高度应与垫层料压实厚度一致,宜为 40cm,顶宽宜为 10cm,迎水面坡度与垫层料上游设计边坡一致,背水面坡比宜为 8∶1。

(2) 挤压式边墙混凝土的原材料要求:

1）原材料品质和质量应符合现行行业标准《水工混凝土施工规范》(DL/T 5144—2015)的规定，并满足设计要求。

2）选用的水泥强度等级不宜高于42.5。

3）速凝剂宜选用性能稳定的产品，按同批号同厂家每2t取样检测一次，结果应符合现行行业标准《水工混凝土外加剂技术规程》(DL/T 5100—2014)的相关要求。

4）粗集料最大粒径20mm，小于5mm的颗粒含量宜为30%～55%，含泥量小于7%。

(3) 挤压式边墙混凝土配合比设计。混凝土配合比设计应遵循以下原则：

1）工作性：要求坍落度为零，即按一级配干硬性混凝土设计。

2）低强度和早强要求：混凝土的28d抗压强度值应不超过5MPa，且2～4h的抗压强度指标应以挤压成型的边墙在垫层料振动碾压时不出现坍塌为控制原则。

3）高密度和半透水：混凝土的密度指标宜控制在2.0～2.25t/m^3，即尽可能接近垫层料的压实密度值；渗透系数宜控制在10^{-4}～10^{-2}cm/s范围，即尽可能与垫层料的渗透系数一致，为半透水体。

根据以上原则，水泥用量一般为70～90kg/m^3，砂率为30%左右，粗骨料用量为1320～1380kg/m^3，速凝剂掺量一般为水泥用量的3%～4%。表4-8列出了部分混凝土面板堆石坝工程挤压式边墙混凝土配合比参数。

(4) 挤压式边墙在挤压成型施工过程中，应在混凝土拌和物中添加速凝剂，成型的混凝土宜在3h内满足垫层料碾压要求，且抗压强度宜不低于1MPa。

(5) 挤压式边墙宜采用专用挤压机成型。

(6) 挤压式边墙成型后外形尺寸应满足表4-9的要求。

(7) 挤压式边墙混凝土28d龄期性能指标宜满足表4-10的要求。

表 4-8　　**部分混凝土面板堆石坝工程挤压式边墙混凝土配合比参数**

工程名称	混凝土中各种材料用量					试验成果参数			
	水泥 /(kg/m³)	水 /(kg/m³)	砂 /(kg/m³)	小石 /(kg/m³)	速凝剂	抗压强度(28d) /MPa	弹性模量 /MPa	渗透系数 /(cm/s)	干密度 /(kg/m³)
伊塔	75	125	1173	1173					
公伯峡	85	119	584	1362	3.4%	2.5	8624	2.02×10^{-2}	2.12
芭蕉河	70	102.2	587	1371	3%	5		1.0×10^{-2}	
龙首二级	85	91.2	566	1384	4%	1.95	6626	5.35×10^{-3}	
水布垭	70	91	(ⅡAA 料) 2144		4% 减水剂 0.8%	4.35	2120	7.71×10^{-3}	2.13

表 4-9　　　　　挤压式边墙外形尺寸要求

检测项目	技术要求
上游边坡法线方向偏差	−80～+50mm
上游坡面平整度	2m 范围内误差为±25mm，且平滑过渡，无突变

表 4-10　　　挤压式边墙混凝土 28d 性能指标要求

检测项目	技术要求
抗压强度	≤5MPa
抗压弹性模量	≤8000MPa
渗透系数	10^{-4}～10^{-2}cm/s
干密度	>g/cm³

5. 挤压式边墙的施工步骤

(1) 平整 2B 垫层区的顶面，以形成一个水平面，便于挤压机的移动。

(2) 采用满足设计厚度(通常为 0.4m)和上游坡坡度[1∶1.4(*V*∶*H*)]要求的金属模具。

(3) 通过安装在趾板上固定位置的激光装置或由测量人员控制施工机具的准直，建造挤压式边墙。

(4) 1h 后即可在垫层区(2B 区)铺料，可采用开底钢制配料装置铺料，或采用自卸汽车直接卸料。

(5) 利用平地机将 2B 区垫层料整平，用 10t 振动碾碾压 4～6 遍。

秘鲁安塔米纳混凝土面板堆石坝的边墙高度为 0.5m，其 2B 区垫层料按 0.25m 层厚分 2 层填筑和压实。图 4-23 为水布垭边墙与垫层料回填布置结构图。

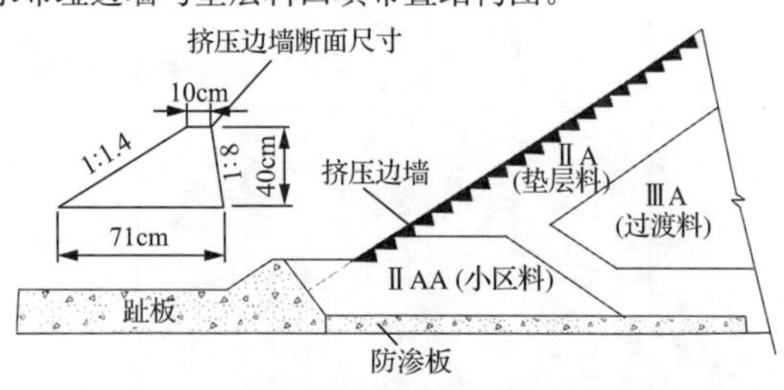

图 4-23　水布垭大坝挤压式边墙与垫层料回填布置图

第四节 下游坝坡施工

一、排水棱体施工

1. 排水棱体要求

(1) 排水棱体适用于下游有水的情况，其顶部高程应超出下游最高水位0.5m以上；

(2) 保证坝体浸润线与坝面的最小距离大于本地区的冻结深度；

(3) 排水棱体的顶宽应满足施工和观测的需要不宜小于1.0m；

(4) 排水棱体的内外坡可根据石料和施工情况确定，内坡可取1∶1.0，外坡取1∶1.5或更缓。

2. 排水棱体施工

排水棱体施工顺序一般为反滤层→排水体堆石→干砌石→反滤层。

(1) 棱体反滤施工。反滤层采用人工铺筑，铺筑层次清楚，并按设计要求分层，每层厚度的误差控制在设计厚度的15%以内，用自卸汽车运料至工作面，人工分层铺设。反滤料及反滤层的施工必须符合设计要求。

(2) 排水棱体堆石填筑。排水棱体块石用自卸汽车运料至现场，采用人工配合机械作业，堆石分层进行，每层厚度40cm左右，并使其稳定密实，堆石的上下层面犬牙交错，不得有水平通缝，相邻两段堆石的接缝，逐层错缝，以免垂直相接。

(3) 棱体干砌石施工。砌石应垫稳填实，与周边砌石靠紧，不使用有夹角或薄边的石料砌筑，石料最小边尺寸不宜小于20cm，严禁出现通缝，叠砌和浮塞现象。

3. 质量控制措施

(1) 排水棱体所用块石须符合设计要求，靠近反滤层处用较小的石料，内部用较大的石料，相邻两段的堆石接缝逐层错缝。

(2) 反滤料与基础的接触处填料时，不允许因颗粒分离而造成粗料集中和架空现象。

(3) 反滤料与相邻层次之间的材料界限应分明，保证反滤料的有效宽度符合设计要求。分段铺筑时，必须做好接缝处各层之间的连接，防止产生层间错动或折断现象。

(4) 反滤层与防渗土料交界处的压实可用振动平碾进行。碾子的行驶方向平行于界面，防止防渗土料被带至反滤层而发生污染。

(5) 反滤料的填筑严格按设计标准进行。

二、下游护坡施工

坝体下游护坡施工，一般包括坡面修整、垫层铺设、护坡施工三道主要工序，还有马道(或下游上坝道路)、排水沟等项目施工。

护坡施工安排，以稍滞后于坝体填筑，与坝体同步上升为宜。

1. 护坡类型及施工特点

(1) 堆石护坡。堆置层厚大、施工工艺简单，适于机械化作业，护坡与坝体填筑同步上升。

(2) 干(浆)砌石护坡。工期安排和现场布置灵活，耗用护坡石料数量比堆石护坡少。主要为人工操作，用劳力多。有的工程从堆石料中挑选大块石，运至坡面码放，用人力或机械略加整理，效果良好。

(3) 混凝土护坡。用于缺乏护坡石料的地区。分为砌筑预制板(块)和现场浇筑两种类型。后者一般采用滑动模板施工。

(4) 水泥土护坡。用于缺乏护坡石料地区和均质坝，施工除制备(拌和)水泥土料外，其他工艺与碾压土料相同。也可用水泥土预制块砌筑。

(5) 草皮护坡。适用于温暖湿润地区中小型坝的下游护坡，主要由人力施工。

(6) 卵石、碎石护坡。用于小型坝下游护坡，能充分利用工程开挖料及筑坝弃料，施工工艺简单。也有用混凝土梁做成框格，在其空间填筑卵石、碎石的护坡型式。

2. 坝坡坡面修整

在铺设坝体上下游垫层前，应先对坡面填料进行修整。修整的任务是，削去坡面超填的不合格石料，按设计线将坡面修整平顺。

修整方法一般采用反铲或人工。人工作业多作为辅助工作配合施工。坝壳料每填筑 2～4 层，在坝面用白灰示放山坝坡设计线，反铲沿线行走，逐条削除设计线以外的富裕填料，将其放置在已压实合格的坝面上。反铲操作灵活，可适应各种坝料，容易与坝体填筑协调，同步上升。

3. 堆(砌)石护坡施工

堆石或干砌块石护坡是土石坝采用最多的护坡型式，前者为机械作业，后者为人工操作。护坡施工包括铺设垫层和堆(砌)块石两道工序。其施工安排宜采取与坝体同步上升，边填筑坝体边进行护坡施工；对于低坝或施工机械不足的情况，可采取在坝体填筑完毕后，再进行护坡施工。

(1) 护坡与坝体同步施工。

1) 机械作业。坝体填筑每升高 2～4m，铺设垫层料前放出标明填料边界和坡度的示坡桩，每隔 10m 左右设一个。按示坡桩进行坡面修整后，先铺筑垫层料再填筑护坡石料。

两种料均采用自卸汽车沿坡面卸料，用反铲摊铺，反铲能将大小块石均匀铺开，充填缝隙，并沿垂直坡面方向击打护坡料，以压实、挤密堆石。这种方法填筑护坡料密实，坡面平整、填筑偏差小。

对于堆石坝坡，也可将堆石料中的超径石或大块石用推土机运至坡面，大头向外码放，辅以机械和人工整理平顺填实，形成摆石护坡与坝面填筑同步上升。近期修建的堆石坝多有应用。

2) 人工作业。坝体上升一定高度后进行，其高度结合坝坡马道或下游上坝道路的设置确定，一般为 10m 左右。垫层料与块石坡面运输可采用钢板溜槽自上而下运送到填料部位。垫层料用人工铺料，人工或轻便机夯夯打，充分洒水，分层填筑；块石为人工撬移，码砌。

(2) 坝体填筑完毕后的护坡施工。对于低坝或坝坡较缓(大于1∶2.5)的坝，垫层料和护坡石料在坡面运输，可采用拖拉机牵引小型自卸汽车沿坡面下放至卸料点，也可用钢板溜槽自上而下输送。垫层料的铺筑，可用推土机自下而上摊铺、压实，人工辅助作业。护坡块石采用人工砌筑。

4. 混凝土护坡施工

(1) 现场浇筑混凝土护坡施工。根据已施工土石坝情况，护坡采用现场浇筑混凝土板厚度一般为0.2～0.4m，分块宽度5～10m，护坡设排水孔，施工分缝填塞沥青木板条、塑料板等。

(2) 预制混凝土块(板)护坡施工。预制块(板)在坡面上用卷扬机牵引平板车向下运输，人工砌筑，升钟坝上游护坡为两层干砌混凝土块，混凝土块尺寸为0.4m×0.4m×1.0m，预制块下部用砾石或碎石调平，预制块之间留1～2cm的缝隙，用细粒石填塞。

5. 草皮护坡施工

在黏性土坝坡上先铺腐殖土，施肥后再撒种草籽或植草。草种应选择爬地矮草(如狗爬草、马鞭草等)。如升钟坝项壳为砂岩石渣，下游坝坡修整好后，自卸汽车将土从坝顶倾卸至下游坡面，用推土机均匀铺20cm厚的土层，在铺好的土层上撒种草籽。

6. 碎石、卵石护坡施工

碎石、卵石护坡一般用于下游坡的护面。碎石从采石场开挖，也可用筛分的卵石。护坡铺设简单、造价低。

卵石护坡一般用浆砌石(或混凝土)在坝坡筑成棱型或矩型格网，格网内铺筑垫层料和卵石。碎石护坡因碎石咬合力强，可不设格网。坡面施工主要使用人力作业，宜采用稍滞后于坝体填筑并与坝体同步上升的方式，以节省坡面料物运输人力消耗。

第五节 安 全 措 施

一、坝体填筑安全措施

1. 施工道路安全措施

(1) 上坝道路及坝体临时道路应路基坚实，岸坡稳定，纵坡一般应控制在10%以内，个别短距离地段最大不得超过12%，路面宽度不小于10m。道路临边处设置安全埂或安全墩。夜间应照明良好。

(2) 道路应有专人养护，保持路面平整，排水通畅，路面上滚落的石块应及时清除。

(3) 在车流量较大的交叉路口及环境较复杂的路段设置安全警示标志，并设专人指挥。

2. 施工车辆安全

参与坝体填筑的机械，应按其技术性能的要求正确使用。缺少安全装置或安全装置已失效的机械设备不得使用。必须保持制动、喇叭、后视镜的完好。严格检查运输车辆性能状况，坚持驾驶员每班检查、车队每天检查、安全部每周检查的车辆检查制度。每季度对运输车辆进行一次普查，并发放上坝车辆准运证，无证者不准上坝运输作业。

3. 坝坡稳定检查

经常检查坝体左、右岸坡的稳定情况，在必要的地方设置安全防护和安全警示标志。

4. 坝面作业安全措施

(1) 坝面应划分作业区，将各工序作业尽量分开，避免互相干扰。

(2) 浓雾、大雨、大雪或停电时，应暂停坝面施工。大风、雨时暂停岸坡下的施工。人员和设备严禁在岸坡下停留。夜间作业应有足够的照明。

(3) 汽车倒车卸料时，应放缓速度，必须在指挥员的指挥下进行卸料和行走。

(4) 推土机、振动碾操作手应精力集中，密切注意周边环境的变化，正确判断周边人和机械的运动趋势。复杂地段应有专人指挥。

(5) 在推铺过程中拣废料时，应首先向推土机操作手示意，在推土机停下或反向行走时进行，拣出后迅速回到安全地带。

(6) 采用液压冲击锤或夯锤破碎超径石时，锤点半径之内不得有人和其他设备。夯锤在坝体与岸坡结合处作业时，岸坡下不得有人。

(7) 坝面指挥人员、拣废料人员应穿反光背心，严格劳动着装。指挥人员还应配备袖章、红绿旗、口哨，夜间应配备灯具。

(8) 埋设仪器及挖坑取样时，应圈定警戒范围，并设醒目警示标志。仪器埋设处应有醒目的警示标志和安全防护。

(9) 施工机械在上下游及高处临边作业时，应预留足够的安全距离。

5. 坝体下游面块石护坡施工安全

(1) 汽车卸块石或反铲转运块石时，应服从专人指挥，卸料点下方坡面落石滚动辐射范围内不得有人。

(2) 砌石人员取料时应自上层或表层开始，严禁在坡面底层反掏。

6. 施工排水及反渗水处理安全措施

在混凝土面板堆石坝坝体填筑中，特别是在多雨地区或雨季施工时应该做好坝面及两岸的排水工作。施工中常因未采取排水措施，集中水流冲蚀垫层，有时会产生较大的冲沟，而造成返工修补和工期上的损失。如回填不实就会在运行期发生较大变形，影响周边缝的止水功能，这样的事故在国内外混凝土面板堆石坝建设中就有发生，如哥伦比亚的安奇卡亚、萨尔瓦兴娜、中国的西北口等坝。因此，坝面及岸坡排水作为一种预防措施，必须引起高度重视。

坡面及岸坡的排水措施主要应注意以下两点：

(1) 在坝体填筑过程中，尽可能保持上游坝面高于下游坝面，即从垫层前缘坡向下游堆石区，尽量避免坝上的集中水流流向垫层。

(2) 在两坝头岸坡上，填筑导流堤或挖排水沟，将岸坡上下泄的水流导向坝区以外，防止集中水流泄到填筑坝面。

有些坝曾经发现水由下游向上游渗透的所谓“反渗”现象，造成一定困难。如西北口坝，由于没有修建下游围堰，上游河床趾板开挖较深，汛期坝体挡水，汛后上游基坑抽水时，使上游水位低于下游水位，反渗的水压力使上游垫层坡面的喷混凝土保护层及垫层料破坏，只能在上游坡面设排水管减压，在施工完成后封堵。古洞口坝也因上游基坑开挖深度大，未修下游围堰，反渗水量很大，造成上游基坑渗水量太大，排水困难，使基坑工作十分被动。面板施工中这个问题值得注意。

有的坝在浇筑第一期面板后，坝面继续施工时，施工用水及雨水的下渗会对已浇面板形成反渗的浮托力。为解决这个问题，可在下部面板上留适当排水孔，在施工完成后封堵。如巴西的辛戈坝、中国的天生桥一级坝等。

二、垫层料坡面碾压与防护安全措施

1. 人工或激光反铲削坡安全措施

(1) 沿人工或反铲削坡范围的下沿，用木板或竹跳板等材料设全封闭拦渣挡墙，防止削坡时落石伤人以及作业人员顺坡滚落。

(2) 削坡设备履带外沿距垫层料边沿应保持大于1m的安全距离。

(3) 削坡前，应检查机械设备，保证其处于完好工况，操作人员必须经过技术培训。

(4) 削坡作业应安排在白天进行，施工时除施工管理人员、质检值班人员外，还应有安全员全过程监控。

2. 垫层坡面碾压的安全措施

(1) 施工前，应制定斜坡振动碾施工安全规定，进行技术交底和岗前培训。

(2) 作业单位应全面地对振动碾和牵引机具的刹车、钢丝绳及接头和机械车身进行检查。机械管理员对机械状况进行复查。确认完好后才允许投产。

(3) 振动碾上下行走时，坡面下禁止人员行走、停留。

(4) 振动碾中途停止作业时，操作人员必须将刹车及连接钢丝绳卡死，防止振动碾滑落。

3. 上游垫层料坡面保护层施工的安全措施

(1) 运输砂浆车辆卸料时，应由专人指挥。后轮胎距垫层料边沿应保持大于1.5m的安全距离，坡面上不得有人员逗留。

(2) 铺筑砂浆或喷乳化沥青作业人员在坡面作业时，应系安全绳。

(3) 铺筑砂浆宜按条带进行，先铺完整个条带后，再铺另一条带。铺筑条带与碾压条带的安全距离应大于20m。

(4) 喷乳化沥青作业台车，制作、安装应符合有关安全规范规定。

(5) 喷乳化沥青设备在使用过程中，应定期进行设备运行检查。操作人员应经岗前培训，持证上岗。并严格遵守岗位操作规程。

第五章

趾板与面板施工

第一节 趾 板 施 工

经验之谈

趾板混凝土施工的一般程序

趾板施工应尽量避免与坝体填筑相互干扰。一般在截流前导流洞掘进的同时，就进行两岸削坡、趾板地基开挖，并将河床常水位以上至第一期度汛断面高程以上的趾板浇筑完成，以减少截流后的工程量，为下一步抢筑坝体临时断面创造条件。在截流后即抓紧进行河床段趾板的施工。趾板混凝土施工的具体程序为：基岩面清理→测量与放样→钻锚筋孔与安装锚筋→立侧模→安装止水带→钢筋安装→埋设预埋件→仓面冲洗→检查验收→浇筑混凝土→抹面和压面→养护等。

有的工程为了争取在截流后第一个枯水期完成更多的工作量，便在截流后河床段趾板施工的同时，从趾板向下游方向后退至少30m，先开始进行堆石体的填筑，等趾板建成后再将未填的部分填起来。

趾板混凝土浇筑应在基岩面开挖、处理完毕，并按隐蔽工程质量要求验收合格后进行，趾板混凝土施工，应在相邻区的垫层、过渡层和主堆石区填筑前完成。高混凝土面板堆石坝的趾板浇筑工程量大，通常要分段分期施工。

一、趾板混凝土施工布置与施工程序

1．趾板混凝土拌和系统布置

趾板为相对较大的混凝土结构物，止水材料埋设要求高，空间分布为条带状、上下部位落差大，一般浇筑跨越时段比较长。趾板混凝土拌和系统布置应结合枢纽工程统一规划，合理利用资源，方便施工。已建工程中混凝土系统布置方式多因地制宜采用集中拌和楼和分散拌和站。位置距大坝越近越好，以减少混凝土拌和物坍落度损失及骨料分离。

2．工作面布置

工作面布置应满足正常施工，各项设施包括：趾板基础排水系统、水电系统、混凝土浇筑设备和模板、止水材料成型机、仓面防雨篷、养护材料、道路等。

道路设置根据地形条件和施工需要与坝体填筑同步规划，确保趾板施工的设备、材料运输需要。

3．趾板混凝土施工程序

趾板施工应尽量避免与坝体填筑相互干扰。一般在截流前导流洞掘进的同时，就进行两岸削坡、趾板地基开挖，并将河床常水位以上至第一期度汛断面高程以上的趾板浇筑完成，以减少截流后的工程量，为下一步抢筑坝体临时断面创造条件。在截流后即抓紧进行河床段趾板的施工。趾板混凝土施工的具体程序为：基岩面清理→测量与放样→钻锚筋孔与安装锚筋→立侧模→安装止水带→钢筋安装→埋设预埋件→仓面冲洗→检查验收→浇筑混凝土→抹面和压面→养护等。

有的工程为了争取在截流后第一个枯水期完成更多的工作量，便在截流后河床段趾板施工的同时，从趾板向下游方向后退至少 30m，先开始进行堆石体的填筑，等趾板建成后再将未填的部分填起来。

趾板混凝土浇筑应在基岩面开挖、处理完毕，并按隐蔽工程质量要求验收合格后进行，趾板混凝土施工，应在相邻区的垫层、过渡层和主堆石区填筑前完成。高混凝土面板堆石坝的趾板浇筑工程量大，通常要分段分期施工。

二、趾板混凝土施工的仓面准备

(1) 施工机械及设施准备。在趾板混凝土浇筑前,各种施工机械、设备必须保证良好状态,施工电源、照明以及通信设施满足施工要求。

(2) 基础清理及测量放线。首先用人工清除基岩面的杂物、泥土、松动的岩块等;再用高压水进行冲洗,并排除积水,若基岩有渗水,应埋管引排至作业面外。测量放线必须按设计图纸进行,放出趾板的边线和高程,用红油漆等标识在基岩面上。

(3) 锚筋埋设。在清理后的基岩面上按设计要求布置锚筋孔,用手风钻或快速钻钻锚筋孔,锚筋孔直径应比锚筋直径大 5cm 左右。钻孔验收合格后,采用先注浆后插筋的施工方法安装锚筋,注入锚筋孔砂浆的强度不应低于 20MPa。

(4) 钢筋安装与预埋件埋设。趾板钢筋可由钢筋加工厂加工,运至现场后由人工绑扎或焊接。钢筋安装应自下而上进行,安装前应钻孔安设架立筋,也可利用趾板锚筋作为架立筋使用。安装后的钢筋应用足够的刚性和稳定性。

趾板绑扎钢筋时,应同时按设计要求设置灌浆导管、排水管等预埋件,将止水带按图纸所示位置固定在正确位置,中心线与设计线偏差应符合技术要求,并进行保护。若是铜止水带,应再次仔细检查一次,确认无任何渗漏时,方可开仓浇筑。

(5) 模板安装。趾板混凝土侧模可用组合钢模板和木模板拼装而成。若采用滑模浇筑方案时,则要求侧模板能承受滑模架运行时的荷载。用常规方法施工时,一般河床段趾板不设面模,只立侧模;斜坡段趾板需设面模,并预留进料窗口。

模板安装必须定位准确,支撑牢固,接缝紧密,确保浇筑时不变形、不移位、不漏浆。模板安装不得破坏止水设施,安装偏差满足规范及技术条款要求。模板及支架上,严禁堆放超荷的材料及设备。

(6) 检查与验收。浇筑前应对基岩面、模板、钢筋、预埋件及止水设施等进行仔细检查，符合设计要求及质量标准并验收合格后方可开仓浇筑混凝土。

三、趾板混凝土浇筑

1. 混凝土配合比

在趾板混凝土施工前，应根据设计和施工工艺的要求，进行混凝土配合比设计和试验，以确定满足要求的配合比参数。

(1) 原材料要求。在进行混凝土配合比试验前，必须对原材料进行选择和检验。原材料的质量必须符合国家标准及设计要求。

1) 水泥。国外工程大多采用硅酸盐水泥，我国采用的有普通硅酸盐水泥、硅酸盐大坝水泥、矿渣水泥等。由于硅酸盐水泥、普通硅酸盐水泥保水性好、泌水率小、和易性好，宜使用硅酸盐水泥和普通硅酸盐水泥。水泥强度等级宜采用52.5MPa，并不应低于42.5MPa，水泥中含碱量不应超过0.5%，技术指标应满足现行国家标准《通用硅酸盐水泥》(GB 175—2007)的规定。

2) 粉煤灰。我国近期兴建的混凝土面板堆石坝，多在趾板混凝土中掺加了粉煤灰，其掺量一般为水泥用量的10%～30%。宜选用等级较高的优质粉煤灰。

3) 骨料。粗骨料的质量要求。粗骨料的最大粒径，不应超过钢筋最小净间距的2/3及构件断面最小边长的1/4，素混凝土板厚的1/2，对少筋或无筋结构，应选用较大的粗骨料粒径。进入搅拌楼料的粗骨料应有稳定的含水量，小石的含水率宜控制在0.2%。

细骨料的质量要求。细骨料的细度模数，应在2.4～2.8范围内。且应质地坚硬、清洁、级配良好。

4) 水。用于混凝土拌制的水必须新鲜、洁净、无污染，符合饮用标准。

5) 外加剂。趾板混凝土所用的外加剂除应具有减水、引气和缓凝等作用外，还应具有增强、防裂等功能。不同品种的外加剂应分别储存，在运输与储存过程中不得相互混装，以避免交叉污染。

(2) 配合比要求。趾板混凝土配合比必须通过试验选定,一般应具有 3d、7d、14d、28d 龄期的试验资料。用选定的原材料按照合同文件及技术要求进行混凝土配合比设计与试验。试验由工地实验室或委托发包人认可的相关方完成,确保配合比和混凝土各项性能满足设计要求。

试验时的所有材料均应通过检验,胶凝材料的最低用量应通过试验确定。

混凝土的坍落度应根据趾板中钢筋的用量、混凝土的运输方式和气候条件决定,宜采用较小的坍落度。

混凝土配合比设计和试验完成后,编写配合比设计试验报告。试验室配合比的试验成果中至少应包括:混凝土各组成材料的用量,不同龄期的抗压强度指标及含气量、抗冻性指标等。配合比设计试验报告经总经理审批后报监理工程师批准。试验室根据经批准的配合比设计,试验确定施工配合比,提交施工配合比表供施工应用。

施工时要根据骨料的实际含水量、超逊径等情况对试验室配合比进行调整。如配合比需要调整,应经总工程师审批并报监理工程师批准。

混凝土浇筑前应进行试拌,以确定合理的投料顺序、拌和时间的施工参数,并符合坍落度、含气量、均匀性及强度等指标要求。

2. 混凝土浇筑工艺

(1) 混凝土拌和。

1) 趾板混凝土一般在拌和楼(或拌和站)进行拌和,拌和时间应根据搅拌机及混凝土级配等因素确定。

2) 施工管理部根据现场施工情况填写趾板混凝土浇筑通知单,提前交试验室。试验室根据浇筑通知单,在拌和之前 4h 签发经过批准的施工配料单。

3) 生产单位对混凝土拌和生产与质量全面检查,试验室负责对混凝土拌和质量进行监控,并按规定进行抽样检查和取样成型。

4）应对拌和设备及其配料称量装置进行经常性的检查，每班开仓前应对其称重装置进行校核，确定正常后方可开机。

5）每班开机前，生产人员应按试验室配料单定称，经试验室值班人员核称无误后方可开机。

6）在混凝土拌和过程中，应严格控制投放顺序、方式及拌和时间，保障混凝土拌和均匀，外加剂充分掺和。拌和值班人员应对出机混凝土质量情况加强巡视、检查，发现异常情况应向试验室值班人员反映，并会同有关人员查找原因，及时采取处理措施，严禁不合格的混凝土出楼。

7）试验室应每班对出机口的混凝土进行坍落度、含气量的检测，并按设计技术要求的规定取样，做混凝土强度、抗冻、抗渗等物理力学指标检验。

8）根据浇筑时段的气温、湿度、气象等条件和浇筑方式，对配料及坍落度要求进行适量调整。

（2）混凝土运输。

1）河床段趾板的混凝土施工可采用混凝土搅拌车或自卸汽车加吊罐的运输方式，如拌和楼（站）距离坝址较远或运输道路的坡度较陡时，可选用混凝土搅拌运输车运输；如道路平整，坡度较缓（小于8%）时，则选用自卸汽车运输。

2）岸坡段趾板的混凝土施工可采用溜槽或混凝土泵的运输方式。

3）用自卸汽车运混凝土时，应设置后挡板或相应装置，以避免水泥砂浆流失。运送土石方或其他材料的汽车调用运送混凝土时，应预先将车厢冲洗干净。

4）用溜槽运输混凝土时，应防止因溜槽脱节而漏浆，还要避免混凝土堵塞溢出。

5）采用混凝土泵浇筑趾板混凝土时，要确保坍落度满足泵送要求。

6）混凝土在运输过程中，要尽量缩短运输时间，减少转运次数，防止发生骨料分离、漏浆、严重泌水及坍落度损失过大等，严禁在输送和浇筑地点往混凝土拌和物内加水。

(3) 混凝土入仓振捣。

1) 混凝土浇筑前进行仓内的质量检查、验收,并经现场监理工程师签发开仓证后才能进行混凝土浇筑。同时还应检查仓面其他准备工作,其内容包括:各种物资、材料准备充分,各种施工机械、设备必须保证良好状态,混凝土入仓手段满足要求。施工电源、水源、照明以及通信设施满足施工要求。

2) 在混凝土入仓前,应在基岩表面均匀铺设一层 2~3cm 厚的水泥砂浆,并在其处于潮湿状态时,立即浇筑混凝土,以保证混凝土与基岩的牢固黏结。水泥砂浆强度等级比同部位的混凝土高一个等级。砂浆铺设的面积应与浇筑的强度相适应,铺设工艺必须保证新浇混凝土与基础良好结合。

3) 混凝土浇筑时,每班应有负责人带班,负责处理协调当班进度、质量、安全等事宜,还应有现场质检、施工管理人员值班,对混凝土浇筑过程中的质量进行检查、取样、控制,协调混凝土浇筑时的外部关系,并按有关规定填写质检、施工记录。

4) 混凝土浇筑时,应经常观察模板、支撑、钢筋、预埋件和止水设施情况,如发现有变形、移位,应立即停止浇筑,并在混凝土初凝前修复完好。

5) 混凝土入仓后,要及时铺料平仓。当趾板混凝土厚度超过 50cm 时,应采用分层浇筑的方法,每层厚 25~30cm。混凝土用插入式振捣器充分振捣,振捣时间为 20~25s,以混凝土不显著下沉、表面无气泡,并开始泛浆为准。止水结构附近应采用软管振捣器振捣。

6) 混凝土浇筑应连续进行,因故需拌和楼暂停时,应有施工管理人员及时通知拌和楼和中止混凝土浇筑,超过允许间歇时间时,仓面则应按施工缝处理。超过允许间歇时间的混凝土拌和物应按废料处理,不得强行加水重新拌和入仓。

7) 雨天混凝土浇筑时,应采取有效的防雨措施,中雨以上雨天不得新开浇筑仓面。遇大雨、暴雨应立即停止浇筑,遮盖混凝土表面,并应注意排除坡面的雨水径流。

8) 浇筑过程中要注意的其他问题。

① 混凝土拌和物的坍落度不能满足输送或振捣要求时,只允许在搅拌楼(站)进行坍落度调整。

② 若仓内混凝土表面泌水较多,应及时清除,并采取措施减少泌水,严禁在模板上开孔赶水,以免带走水泥浆。

③趾板地基处理超挖过大时,宜将超挖部分先用混凝土回填至设计高程,再浇筑趾板混凝土。

(4) 混凝土表面处理。在混凝土初凝前,要及时对混凝土表面进行修整,用表面光洁平整的长木抹子或钢抹子进行压面和收光,以确保趾板混凝土表面平整、无裂痕、无微细通道。

(5) 混凝土养护与保护。混凝土浇筑完毕后,应及时进行养护,以保持混凝土表面湿润。养护方法有洒水养护、薄膜养护等。

1) 洒水养护。混凝土初凝后,应及时洒水养护,必要时铺盖隔热、保温材料。宜连续养护至水库蓄水或至少养护90d,洒水次数应能使混凝土表面一直处于湿润状态。洒水养护应由混凝土施工单位指定专人负责,施工管理、质检人员监控。

2) 薄膜养护。薄膜养护是在混凝土表面涂刷一层养护剂,形成保水薄膜,达到对混凝土养护的效果。

混凝土拆模后,及时采取木盒或钢板盒对止水带进行封闭保护。基坑过水时,应对趾板混凝土及埋件按度汛要求进行度汛保护。在趾板附近有爆破作业时,按技术要求进行爆破震动控制。若大坝填筑料需跨趾板运输时,更应做好对趾板的保护工作。

3. 低温季节施工

一般在低温季节进行趾板混凝土施工,在日平均气温在5℃以下时,浇筑混凝土应采取以下措施:

(1) 施工时间避开低温时段,应在白天正温时段浇筑混凝土;

(2) 混凝土的浇筑温度应大于5℃；

(3) 采用保温措施养护，可采用塑料薄膜和保湿性良好的各种材料的保温被等进行覆盖保温，特别要注意混凝土脱模后及时覆盖。

四、趾板混凝土裂缝处理

避免和减少趾板混凝土裂缝，是从事混凝土面板堆石坝设计和施工的单位一直在追求的目标，国内许多工程在防裂上做了很多工作。但大多数工程趾板混凝土浇筑后均发现有裂缝。对出现的裂缝，必须仔细检查，分析原因，从材料、结构、工艺、养护等方面研究对策，提出改进措施。

在坝前铺盖料覆盖或蓄水前，必须组织人员并借助设备和仪器对全段趾板进行检查，对查出的裂缝做好记录，包括缝长、缝宽、缝深、走向、所在部位等详细资料，为确定处理范围和处理方法提供依据。

趾板混凝土裂缝处理方法基本与面板相同。具体内容参考下文面板施工相应内容。

第二节 面 板 施 工

一、面板混凝土施工布置与施工程序

1. 混凝土拌和系统布置

面板混凝土生产宜选用集中生产的拌和楼，也可在填筑体顶部或其附近设移动拌和站，以保证混凝土的质量。拌和楼或拌和站宜与坝面尽量靠近，以缩短运输距离。根据面板混凝土工程量相对较小、分布面广的特点，可结合大坝填筑进度，采用分散小型、灵活的拌和系统布置方式。

有的中小型工程在已形成的坝面上布置混凝土搅拌机及皮带进料系统，就近设置水泥库及砂石料场，形成一套完整的混凝土生产系统。拌和系统试运行正常后，进行混凝土拌和物的试拌，经过试生产确定混凝土拌和时间、出机口坍落度、含气量等参数。白溪坝坝面拌和系统布置如图5-1

所示。

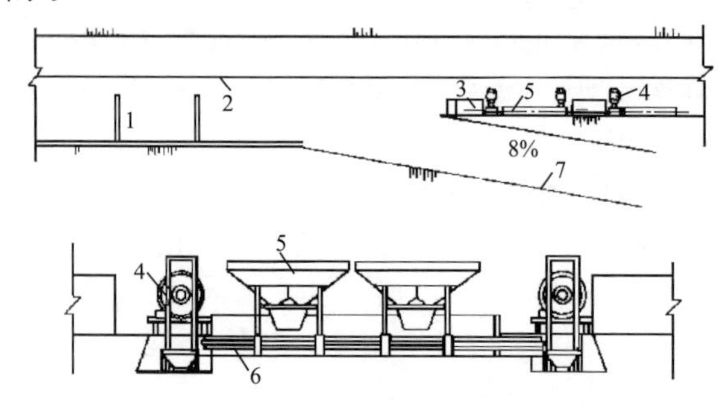

图 5-1　白溪坝坝顶拌和系统布置图

1—骨料仓；2—坝轴线；3—水泥、粉煤灰、外加剂棚；4—搅拌机；
5—配料机；6—皮带机；7—上坝路

万安溪一期面板混凝土拌和系统，采用二台 0.4m³ 拌和机一起布置在 337m 高程坝面中间，0.4m³ 自卸汽车运输向两侧面板供料。二期面板浇筑时，363.7m 高程坝面宽度较小，两台搅拌机分别布置在坝面两端，同时可向两岸 6m 宽的两个板块和中间 12m 宽板块供料。与大系统相比，该系统运输距离短，转运次数少，指挥调度灵活，避免了长距离运输带来的骨料分离、坍落度损失、砂浆流失等问题，有效地控制了混凝土质量。

对大中型工程，尤其是高混凝土面板堆石坝工程，以固定式集中拌和楼（系统）出料，混凝土搅拌车运输更为方便，质量也更有保证。集中拌和系统在施工总布置时统一规划。

坝面拌和站布置应注意以下几点：

(1) 面积要适度。因拌和站占地较大，故需腾出足够面积供拌和系统布置，若面板采用分期施工，则坝体上游预留宽度应大于 20m。在坝体填筑结束后的坝顶布置拌和系统应特别注意，拌和系统可沿坝后坡按长条形布置。

(2) 运距要短。对于坝面长度在 500m 以上的混凝土面板堆石坝，拌和系统宜布置在坝面中央，从而缩短运距，以防止混凝土运输时间过长或耗时过久而造成骨料分离、灰浆流失、泌水和有害的温度变化。

(3) 交通要通畅。当坝顶宽度小于10m时，拌和机出料口距面板距离应不小于6m，确保坝顶交通安全、畅通。

2. 坝面布置

面板混凝土施工典型的坝面布置如图5-2所示。

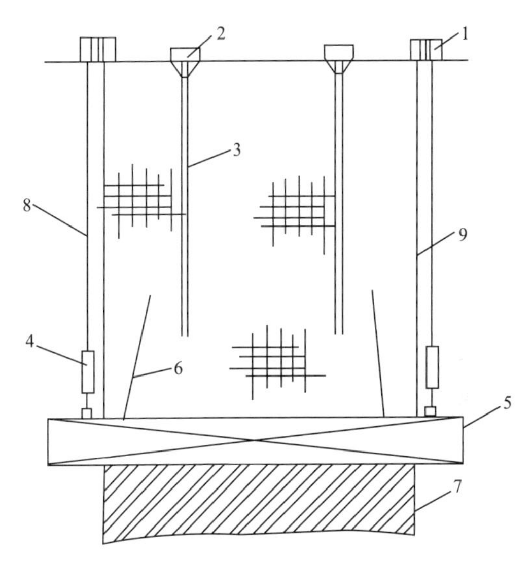

图5-2 面板施工设备布置图

1—卷扬机；2—集料斗；3—溜槽；4—定滑轮；5—滑模；6—安全绳；7—已浇面板；8—牵引钢丝绳；9—侧模板

坝坡上应布置1～2台钢筋运输台车、一套侧模、一台材料运输台车和2～3套滑模、多台3～10t的卷扬机等施工设备。面板施工时，每套滑模可采用2台5～10t的卷扬机牵引，钢筋、侧模运输台车可分别采用1台5t或3t的卷扬机牵引。坝面还需布置混凝土受料斗与之连接溜槽。

3. 混凝土面板的施工程序

(1) 施工分期。面板混凝土可一次连续地浇筑至坝顶，也可分期施工，一般根据坝高、施工总进度计划确定。坝高低于100m时，面板混凝土宜一次浇筑完成；坝高大于等于

100m时，根据施工安排或提前蓄水需要，面板可分期浇筑。我国多数坝高在100m以上的高混凝土面板堆石坝，面板都分二期或三期施工；但坝高为139m的公伯峡混凝土面板堆石坝，为满足坝体全断面填筑施工和总工期安排需要，采用了面板施工不分期的方案，面板施工的最大长度接近220m，创造了纪录。

分期浇筑的面板，其施工缝应低于填筑体顶部高程，坝高大于100m时，分期面板顶部以上超填高度不应少于10m。

(2) 施工顺序。面板混凝土一般采用滑模由下而上进行施工。每一期面板都要按条块分为Ⅰ序块和Ⅱ序块，间隔布置。施工时，先从Ⅰ序面板开始依次跳仓浇筑；当Ⅰ序块浇筑后14d左右，再进行Ⅱ序块的施工。

(3) 单块面板的施工程序。单块面板混凝土的施工程序如图5-3所示。

二、面板混凝土施工准备

1. 混凝土配合比设计

(1) 设计原则。

1) 符合相关工程对面板混凝土强度等级、抗渗等级和抗冻等级的要求。

2) 按低坍落度混凝土设计，并具有良好的和易性，能满足混凝土拌和物在溜槽中易下滑、不离析，入仓后不泌水、易振实，出模后不流淌、不拉裂，滑动模板易于滑升等施工要求。

3) 满足面板混凝土的防裂要求。

(2) 原材料选择。

1) 水泥品种及强度等级。国外面板混凝土大多采用硅酸盐水泥，品种及强度等级比较单一。我国现行行业标准DL/T 5016—2011建议面板混凝土采用强度等级为42.5级的硅酸盐水泥或普通硅酸盐水泥，或其他优质水泥；现行行业标准《混凝土面板堆石坝施工规范》(SL 49—2015)规定水泥品种宜优先选用硅酸盐水泥或普通硅酸盐水泥，其强度等级不应低于42.5MPa。国内已建和在建的混凝土面板堆石坝

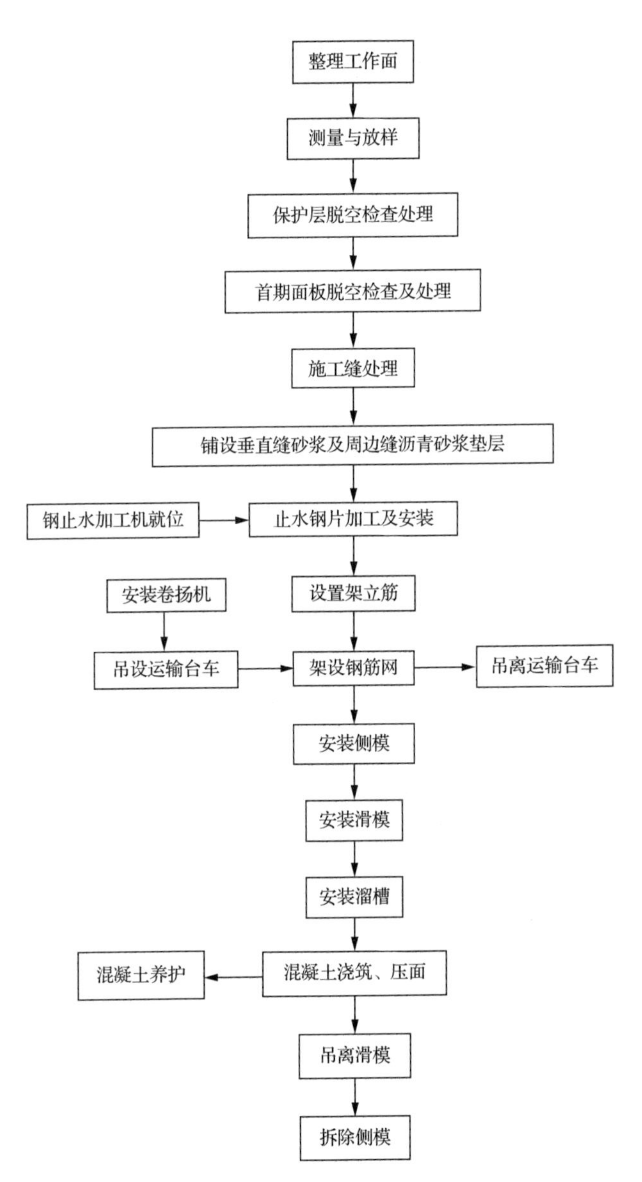

图 5-3 单块面板混凝土施工程序框图

工程，大多是选用普通硅酸盐水泥和硅酸盐水泥：天生桥一级水电站混凝土面板堆石坝采用具有微膨胀性的52.5级普通硅酸盐水泥；广蓄、东津和十三陵上库混凝土面板堆石坝使用52.5级普通硅酸盐水泥；万安溪、鱼跳、小溪口等混凝土面板堆石坝工程采用42.5级普通硅酸盐水泥。矿渣水泥较少使用。

近年来，随着混凝土面板堆石坝筑坝技术的发展，中热水泥开始在高混凝土面板堆石坝中使用，并通过优化配合比设计取得较好效果。如新疆乌鲁瓦提砂砾石混凝土面板堆石坝，在面板混凝土使用了中热52.5级水泥，并通过掺入一定数量的膨胀剂和外加剂配制成补偿收缩混凝土，从而减少或避免了裂缝的发生。水布垭工程面板施工中，选用了具有微膨胀性能的42.5级中热硅酸盐水泥。

2）掺和料。掺和料主要包括粉煤灰、硅粉、火山灰、凝灰岩粉和石粉等。其中粉煤灰的使用经验已较为成熟。在面板混凝土中掺加粉煤灰，可以减少水泥用量，降低水化热温升；对减少混凝土的透水性，提高抗侵蚀性，改善施工和易性都有显著效果。此外，还能有效抑制碱骨料反应，增强面板的抗裂性。

不同品质的粉煤灰，对改善混凝土性能的效果也不同。试验表明，掺加Ⅰ级粉煤灰比掺加Ⅱ级粉煤灰每立方米混凝土可减少用水7～11kg，胶凝材料用量也可随之降低。国内已建的工程，天生桥一级水电站的粉煤灰掺量为水泥用量的15%～20%，鱼跳工程为15%，新疆乌鲁瓦提坝为15%。粉煤灰掺量过高时，混凝土的强度及抗裂、抗冻等性能指标均将明显降低。

面板混凝土一般宜掺加Ⅰ级粉煤灰，其掺量以不超过20%为宜。粉煤灰最优掺量必须通过试验来确定。

3）骨料。面板混凝土宜采用二级配的人工骨料或天然砂砾料。为了降低混凝土本身的温度应力，提高面板混凝土的抗裂性，宜采用热膨胀系数较小的骨料。施工前应对骨料进行碱活性试验。

砂料的粗细及级配对混凝土的和易性有较大的影响，用级配良好、细度模数在2.5～3.0之间、软弱颗粒含量较少的砂子拌制混凝土，可以获得良好的和易性。

关于人工砂的石粉微集料效应，国内已有20多年的研究成果与实用经验。水科院、长科院等科研单位曾作过石灰岩人工砂中最优石粉含量研究，其最优石粉含量为10%～17%。在最优石粉含量下，不仅可以有效提高混凝土拌和物和易性和抗分离性，还可提高混凝土28d龄期抗压强度和抗渗能力，缺点是干缩性较大。

4）外加剂。选用合适的外加剂对改善面板混凝土的抗渗性、抗裂性及耐久性至关重要。在面板混凝土中应用较多的外加剂主要有减水剂、引气剂、膨胀剂及其他新型外加剂等。

早期面板混凝土多采用普通减水剂，近年来高效减水剂及具有某些特殊功能的外加剂如防渗剂等得到了推广应用。由于高效减水剂能大幅度降低混凝土用水量，提高混凝土力学性能、抗裂性能及耐久性，在混凝土面板堆石坝工程中的应用已日趋成熟。引气剂能在混凝土中形成无数分散性的独立气泡，阻断混凝土中的渗水通道，从而提高混凝土的抗渗性和抗冻性。

小溪口工程采用一种新型的WHDF增强密实剂。该外加剂通过改变混凝土内部结构，优化水泥石及骨料界面结构，提高胶孔比，从而使混凝土的力学性能、抗渗性及耐久性得到明显改善。在鱼跳电站配合比试验中，采用缓凝高效减水剂JG3与WHDF复合，混凝土极限拉伸值大于1.0×10^{-4}，混凝土抗渗强度等级达到W12，抗冻强度等级大于F250。

5）水。用于拌制面板混凝土的水应是新鲜、洁净、无污染（包括污水、油、酸、碱、盐及其他有机物的污染）的饮用水。

6）纤维。在面板混凝土中掺加适宜的纤维（如有机纤维、钢纤维等），有利于增强面板混凝土的抗裂性能。国内外已有不少混凝土面板堆石坝工程在这方面已进行了探索和实践，并取得了一些经验。如我国的白溪、引子渡、洪家渡、水布垭等混凝土面板堆石坝工程，都在面板混凝土中掺入聚丙烯类纤维，以提高面板的抗裂性。

(3) 配合比参数选择。面板混凝土的配合比设计有其特殊性。因为面板混凝土采用滑模施工，为了保证模板顺利滑升，要求混凝土拌和料的凝结时间合适；要便于滑槽输送，且在输送过程中不离析；入仓后要易于振捣；出模后要不泌水、不下塌、不被拉裂；同时还要满足抗渗、抗冻和防裂等性能要求。因此，面板混凝土的配合比必须根据原材料性能，通过室内试验，并经现场复核最后确定。

1) 水胶比。水胶比是指混凝土中水的用量与胶凝材料(水泥和粉煤灰等)用量之比，是决定面板混凝土强度、抗渗性和耐久性的最主要的参数。选定水胶比时，应考虑水泥的品种及强度等级、骨料的种类、外加剂的品种与掺量等因素。当水泥用量不变时，水胶比越小，则混凝土的密实度越高，抗渗、抗拉等性能也越高，因此在满足施工要求的前提下，尽可能选择较小的水灰比。

现行行业标准 SL 49—2015 规定面板混凝土的水胶比应通过试验确定，可根据施工条件、当地气候特点选用，温和地区宜小于 0.5，寒冷和严寒地区宜小于 0.45。国内外大多数面板混凝土的水胶比在 0.4～0.5 之间。东津、小溪口面板混凝土的水胶比为 0.42，鱼跳电站的水胶比为 0.43，天生桥一级电站为 0.48～0.45，水布垭工程一期面板的水胶比为 0.38。寒冷地区的混凝土面板堆石坝要尽量降低水胶比，以减少混凝土中自由水的数量，增强面板混凝土的抗冻性。黑龙江的莲花坝、西藏的查龙坝，水胶比达到 0.35 左右，新疆的乌鲁瓦提坝的水胶比为 0.36～0.38。

2) 单位用水量。即每立方米混凝土中水的用量。影响单位用水量的主要因素有水泥品种、外加剂和掺和料的种类及掺量、粗细骨料的级配及坍落度等。降低用水量可以减少混凝土的干缩变形，提高混凝土的抗渗性和耐久性。

国内已建工程的面板混凝土由于所用材料不同，用水量变化范围较大。用水量高的可达 180～190kg/m^3，低的仅为

115～132kg/m³。随着新型外加剂的发展和应用，面板混凝土的单位用水量将进一步降低。

3）砂率。为提高混凝土的抗离析性，面板混凝土的砂率要比普通混凝土高3%～5%，一般为38%～42%。

4）坍落度。面板混凝土的坍落度应根据混凝土的运输、浇筑方式和气温条件等确定。采用溜槽输送混凝土时，仓面坍落度宜为3～7cm。坍落度过高将导致混凝土流淌和下塌，坍落度太低则影响溜槽输送。在不影响顺利入仓的前提下，尽量选择较低的坍落度，以减少混凝土的干缩率。

2. 滑模的设计与制作

现代混凝土面板堆石坝的面板混凝土采用滑模施工，滑模根据支撑和行走方式分为有轨滑模和无轨滑模两类。有轨滑模曾在20世纪80～90年代的混凝土面板堆石坝工程中用过，现已基本被淘汰。目前主要使用无轨滑模，其结构组成如图5-4所示。

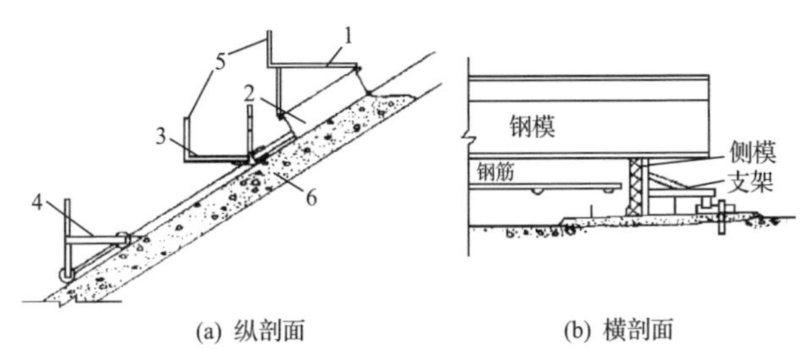

图5-4　无轨滑模结构示意图

1—操作平台；2—滑模；3——次抹面平台；4—二次抹面平台；5—活动栏杆；6—混凝土

（1）无轨滑模施工特点。

1）滑模在侧向模板或已浇混凝土面板的顶面滑动，在开浇前其法向重量由侧向模板或已浇混凝土面板支承，在浇筑过程中则可利用混凝土的浮托力支承。

2）滑模的滑行由设在坝顶的卷扬机牵引与控制。

3）施工时，依靠侧向模板保持滑模面的平直。

(2) 无轨滑模设计的基本原则。

1) 适应面板条块宽度和滑模平整度要求；

2) 有足够的强度和刚度；

3) 有足够的配重；

4) 满足施工振捣和压面的需要；

5) 安装、运行、拆卸方便灵活；

6) 应有安全措施，滑模上应设有挂在钢筋网上的制动装置，牵引机具为卷扬机时，地锚等应安全可靠。

(3) 滑模设计。

1) 滑模设计需具备以下条件。有足够的刚度、自重或配重；安装、运行、拆卸方便；具有安全保险和通信措施；应综合考虑模板、牵引设备、操作平台、电路防雨及养护等使用功能和安全措施。

2) 滑模平面尺寸的选定。滑模的长度由面板的垂直缝距离而定，多为 8～18m；但滑模的总长度应比面板的垂直缝距离长 1～2m。为便于加工、运输和适应不同宽度面板的施工要求，滑模可采用分段组合的方式，一般由 1～3 节组成，每节长 6～7m。

滑模宽度与坝面坡度、混凝土凝结时间等因素有关，一般为 1.0～1.2m，有时可达 1.5m。滑模宽度选定的关键是要保证面板施工有合理的滑升速度。根据国内外工程经验，宽度为 1.2m 的滑模一般可满足每小时滑升 1.1～2.2m 的要求。

3) 滑模重量计算：

滑模重量应满足式(5-1)的计算要求：

$$(G_1 + G_2)\cos\alpha \geqslant P \tag{5-1}$$

式中：G_1、G_2 ——滑模的自重、配重，kN；

α ——滑模面板与水平面的夹角；

P ——新浇混凝土对斜坡面上滑模的浮托力，kN。

P 由式(5-2)计算：

$$P = P_n L b \sin\alpha \qquad (5\text{-}2)$$

式中：P_n ——内侧模板的混凝土侧压力，kPa；

L ——滑动模板长度即所浇板块的宽度，m；

b ——滑动模板宽度，m。

混凝土侧压力计算公式很多，其结果相差很大。国内混凝土溢流面滑模设计选用 5kPa，有的工程选用 10～12kPa，也可通过模拟试验来确定。

滑模引力的计算见式(5-3)：

$$T = (G\sin\alpha + fG\cos\alpha + \tau F)K \qquad (5\text{-}3)$$

式中：T ——滑模牵引力，kN；

G ——滑模自重加配重，kN；

τ ——刮析与新浇混凝土之间的黏结力，kN/m^2；

f ——滑模与侧模间滑动摩擦系数；

α ——坡面与水平面的夹角；

F ——滑模与新浇混凝土接触的表面面积，m^2；

K ——安全系数，取 3～5。

4) 滑模制作。滑模的底部面板用厚 6mm 左右的钢板制作；铺料、振捣的操作平台和二次抹面平台用型钢制作。铺料、振捣的操作平台宽度应大于 60cm。操作平台与二级抹面平台应呈水平状态，并设有栏杆，以保证操作人员的正常工作与安全。

有的工程正在进行将道路工程中的摊铺机用于面板混凝土施工的尝试。其主要结构包括主机架、控制系统、抹光系统和附加装置等。

3. 侧模的构造与制作

侧模具有支承滑模、作为滑模轨道、限制混凝土侧向变形等作用，可分为木结构或钢木组合结构两大类。对于非等厚的面板，侧模的高度应能适应面板厚度渐变的需要，其分块长度应便于在斜坡面上安装和拆卸。当侧模兼作滑模轨道时，应按受力结构设计，其构造如图 5-5 所示。

(1) 木结构侧模。木结构侧模由 1～2 根楔形木和若干根 12cm×12cm 的方木组成，并以 4m 长为单元拼接而成，其构造如图 5-5(a)所示。

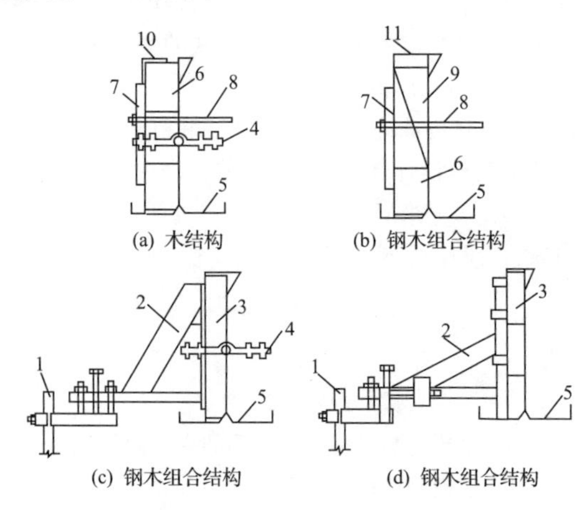

图 5-5 侧模板构造图

1—插筋；2—支架；3—侧模板；4—塑料止水带；5—铜止水片
6—12cm×12cm 方木；7—垫木；8—拉筋；9—钢桁架侧模；
10—75cm×7cm 角钢；11—12 槽钢

(2) 钢木组合结构侧模。

1) 钢桁架、方木组合结构侧模，以 2m 或 4m 长为单元拼接而成，其构造如图 5-5(b)所示。

2) 木模钢支架组合结构侧模，侧模板采用 5cm 厚的木模板，以 2m 长为单元拼接而成，每节侧模用型钢三角架机具来固定，支架上设有微调螺栓。构造如图 5-5(c)、(d)所示。

4. 溜槽制作

溜槽宜采用轻型、耐磨、光洁、高强度的钢板制作，每节长 1.5～2.0m。断面形状为 U 形或梯形，开口宽 50cm 左右，深 40cm 左右。溜槽上部可采用柔性材料作保护混凝土的盖板，溜槽内部宜每隔一定长度设一道塑料软挡板，起防止骨料分离的作用。

5. 卷扬机系统安装

卷扬系统由卷扬机、机架、配重块组成，滑模、钢筋台车和工作台车都有各自的卷扬系统，卷扬机一般采用地锚式固定卷扬机，由钢丝绳、固定锚块和地锚桩固定。为便于安装，可将卷扬机与机架连成一体，先安装卷扬机后安装配重块。

6. 仓面准备

(1) 测量放样与坡面修整。

1) 在垫层坡面上放出面板的垂直缝中心线和边线，然后布置 3m×3m 的网格进行平整度的测量，按设计线检查，规定偏差不得大于±5cm。对超过偏差的部位要进行修整，以确保面板的设计厚度。

2) 根据设计图纸，放出面板分缝线，自上而下每 5m 打钢筋桩，测出每个桩的基础高程，确定砂浆找平厚度。

3) 修正后的坡面应清理冲洗干净。测量人员在垫层保护面的坡面上放出面板垂直缝中心线和边线，并用白石灰或打铁钎标识。

(2) 喷乳化沥青。垫层上游坡面采用挤压边墙施工方法的工程(如公伯峡、水布垭工程)，通常要在坡面修整及相关工序完成后，进行坡面喷乳化沥青的施工，以减少挤压边墙对面板混凝土的约束。喷乳化沥青以沥青机喷射为主，人工涂刷为辅。沿坡面利用施工台车从上而下喷射或涂刷，厚度为 3mm。

(3) 止水材料与侧模安装。面板止水材料包括金属、橡胶和塑料止水材料。

在安装侧模前，先校正已安装好的铜止水带位置，再进行侧模安装。安装时，将侧模紧贴 W 形止水铜片的鼻子，内侧面应平直且对准铜止水带鼻子中央。由于侧模是滑模的准直轨道，因此应安装得坚固牢靠，并严格控制平整度。侧模安装偏差控制在偏离分缝设计线为±3mm，垂直度为±3mm。2m 范围内起伏差为 5mm。

(4) 钢筋安装。面板钢筋由钢筋厂加工成形后运至现场安装。安装方式有现场安装和预制钢筋网片、现场拼装两种。

1）现场安装。钢筋的现场安装是利用钢筋台车配合人工将钢筋运送至仓面。钢筋台车的构造如图 5-6 所示。

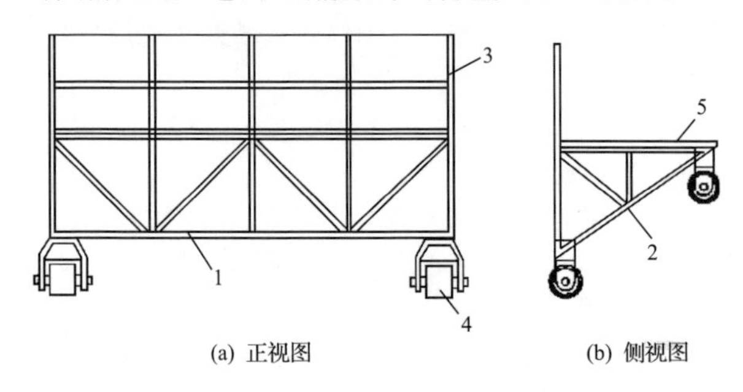

图 5-6　钢筋台车构造图

1—主桁架；2—三角桁架；3—栏杆；4—轮子；5—平台板

先在坡面上布置法向架立钢筋，采用 $\phi 20 \sim \phi 25$ 的螺纹钢筋，间距一般为 2m×2m 或 3m×3m，打入垫层或挤压边墙 40cm 左右。也可采用板凳筋代替架立筋。架立筋架设一段后，即可按设计要求用人工自下往上进行面板钢筋的安装，可采用现场绑扎、焊接、冷挤压连接、直螺纹连接等多种施工方法。

2）预制钢筋网片、现场拼装。钢筋网片可在钢筋加工厂制作后，用平板运输车运到坝面，也可在现场制作。钢筋网片的尺寸与面板的宽度及钢筋标准长度有关。钢筋网片制作好后，再用特制的钢筋网台车送至仓面拼装。在钢筋网片制作和运输过程中需要起吊，应采用多头吊架起吊，以防止网片吊装变形。图 5-7 为多头吊架吊装钢筋网片示意图。现场绑扎时，先垂直坝轴线绑扎横向筋，后平行坝轴线绑扎纵向筋，钢筋绑扎自下而上进行施工。

显然，第一种钢筋安装方式简单，但在斜坡上安装钢筋不方便，施工速度稍慢；第二种钢筋安装方式需要特制的钢筋网台车、大吨位卷扬机和吊车及多头吊架，但在平地上制作钢筋网比较方便，且不占钢筋施工的直线工期，有利于加快面板施工速度。

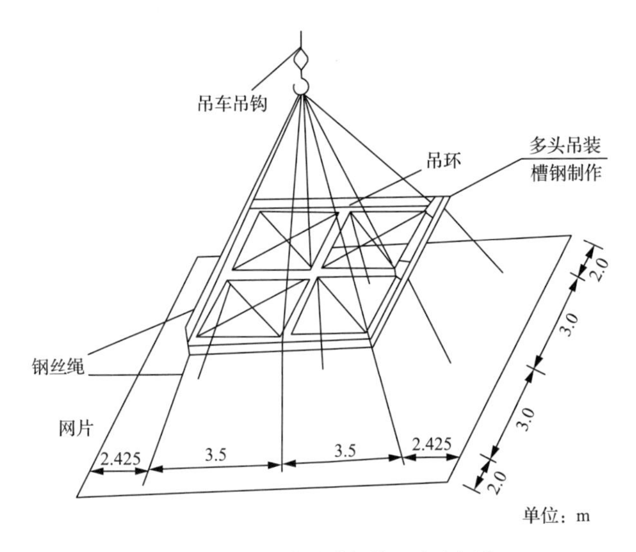

图 5-7　多头吊架吊装钢筋网片示意图

(5) 滑模安装与溜槽布置。侧模和钢筋网安装好以后，开始吊装滑动模板。滑模一般在坝趾组装完后，用移动式吊机吊到侧模或先浇块上。滑模由侧模支承后用手拉葫芦保险钢绳固定在卷扬机支架上，吊车卸钩，穿系卷扬系统。在正式浇筑前，应对滑动模板试滑两次。

滑模就位后，即可在钢筋网上布置溜槽，溜槽应采用搭接方式连接，上接受料斗，下至滑动模板前缘，溜槽出口距仓面距离不应大于 2m。溜槽应分段固定在钢筋网上，以保证安全。

三、面板混凝土浇筑

1. 混凝土拌和

混凝土可采用自落式搅拌机或强制式搅拌机拌制。搅拌时间和投料顺序由试验确定。

常规混凝土搅拌时间一般不得少于 120s，加防裂剂的混凝土的拌和时间应比普通混凝土延长 30～60s，掺聚丙烯纤维混凝土的搅拌时间不少于 5min。

在混凝土拌和过程中要定时对坍落度、含气量及其他性能指标进行检查。

2. 混凝土运输

(1) 仓外水平运输。若拌和楼(拌和站)距坝面较远,宜采用混凝土搅拌车运输混凝土;若拌和楼(拌和站)距坝面较近,或在坝顶设拌和站拌制混凝土时,宜采用自卸汽车、机动翻斗车等运输混凝土。在混凝土运输过程中要避免发生分离、漏浆、严重泌水或坍落度降低过多等问题。

(2) 仓面垂直运输。国内混凝土面板堆石坝工程混凝土垂直输送方式有溜槽输送和坡面布料槽车入仓两种。

1) 溜槽运输。溜槽运输是我国混凝土面板堆石坝工程面板施工中普遍采用的运输混凝土方式。将溜槽沿坝体上游坡面布置到浇筑仓位,混凝土在溜槽中滑动入仓。在混凝土进入集料斗前,应先倒入 1.5～2.0m^3 水泥砂浆或一级配混凝土用于润滑溜槽。溜槽数量应与面板宽度相适应,以保证混凝土输送能力。一般面板宽度为 8m 时,可布置 1 条溜槽;面板宽度为 8～12m 时,可布置 2 条溜槽;面板宽度为 12m 以上时,可布置 2 条或 3 条溜槽。

2) 布料槽车运输。在寒冷、干燥、常有大风的地区宜采用布料槽车进行仓面垂直运输。混凝土拌和料由混凝土搅拌车或自卸汽车卸入布料槽车,再用两台 10t 卷扬机牵引,将布料槽车送至浇筑仓位,人工开启活门并辅助平仓。乌鲁瓦提混凝土面板堆石坝二期面板浇筑中采用了布料槽车,其构造如图 5-8 所示。

该布料槽车的主要技术指标如下:

① 槽车容积:5m^3;

② 工作效率:以槽车平均一小时往返两次计,其运输能力为 10m^3/h 左右;

③ 牵引系统:自重 5t,混凝土重 12t,其他荷载 1t,总计上行空载 6t,下行重载 18t,用 2 台 10t 卷扬机牵引。

④ 行走机构:对于Ⅰ序先浇块,面板混凝土侧模为轨道,槽车四滚轮有轨行走。对于Ⅱ序后浇块,利用已浇混凝

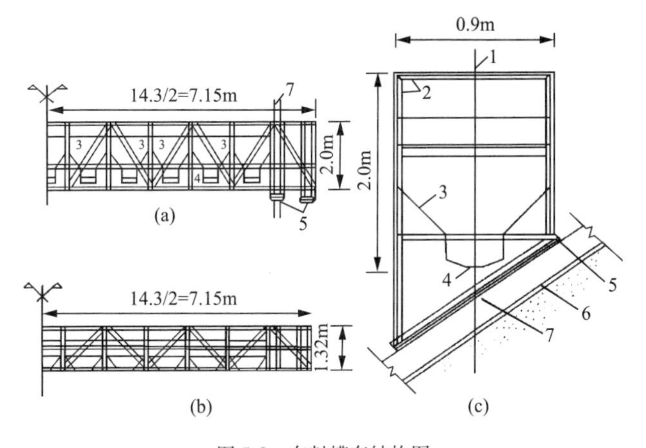

图 5-8　布料槽车结构图

1—布料槽车中心线；2—槽车桁架；3—混凝土储料斗；4—自闭式旋转卸料挡板；5—行走滑轮；6—垫层砂浆；7—侧模

土作基面，槽车四滚轮无轨行走。一台布料槽车、两组滚轮互换使用浇筑Ⅰ、Ⅱ序面板。

⑤ 槽车的卸料方式：采用人工控制多孔卸料。槽车斗总长 11m，距侧模各 0.5m。由隔板分成 11 个小斗，每个小斗有一个 0.4m×0.3m 的卸料口，用自锁转动活门控制，人工开启。

（3）仓面水平布料。

1）人工摆动溜槽布料。人工摆动溜槽布料是目前应用最普遍的水平布料方式。溜槽直接从坝顶布置到浇筑部位，混凝土沿着溜槽滑落到滑模前方，再由人工水平移动溜槽出料口，将混凝土以小堆的形式分散地卸于滑模前，人工摊铺，振捣器振实。

人工摆动溜槽布料施工方案存在的问题主要有：

一是溜槽移动不便，致使布料不均匀，工人劳动强度大；

二是溜槽搬动过程中容易发生脱节和溜槽接入角度过大导致混凝土从连接处溢出，从而影响混凝土浇筑质量。

2）机械摆动溜槽布料。机械摆动溜槽布料机装置如图 5-9 所示。

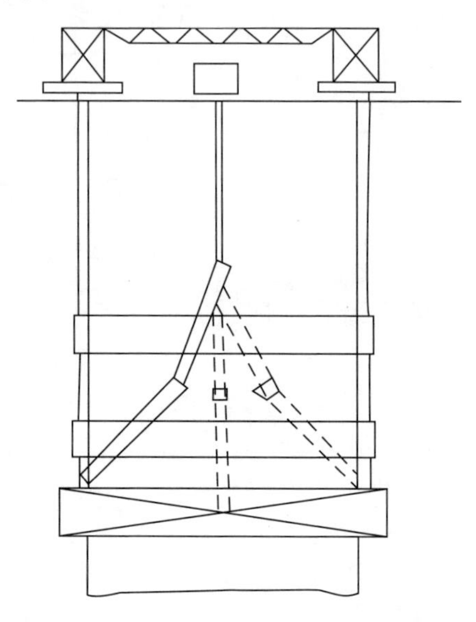

图 5-9　机械摆动溜槽布料机示意图

机械摆动溜槽布料机的上部与普通溜槽一样，仅在溜槽的出口端有一套机械装置，用来摆动溜槽的出料口，以满足面板混凝土浇筑仓位下料要求。溜槽摆动装置构造简单，使用方便灵活，维护使用费用低。溜槽有专门的连接节，不会产生因溜槽移动而前后脱节的现象，布料也可根据浇筑需要均匀控制。

摆动溜槽方案也有局限性，由于溜槽摆动角度的限制，对于面板宽度较大的仓位，需要采用多条摆动溜槽并联或多条溜槽嵌套来完成布料作业。这样一方面增加了控制难度，另一方面也增加了设备制造成本，不利于推广使用。

3）螺旋机布料。螺旋机布料的工作原理是：先用溜槽将混凝土垂直输送到滑模前的螺旋机里，然后混凝土在螺旋机转动叶片的推动下向进料口两边分送，到预定的位置打开螺旋机下料，再由振捣器振实。

鱼跳电站面板混凝土施工中使用了螺旋布料机，因螺旋叶片直径的限制，要求溜槽供料均匀才不会发生堵料和溢料。对于面板宽度较大的仓位，因螺旋机身过长而产生较大挠度，加上机内混凝土重量的增加，使螺旋机架产生较大变形，从而影响螺旋叶片的转动。同时，螺旋机太长还将给安装、使用和清洗带来诸多不便。因此，螺旋布料机只适于在浇筑较窄面板时使用。

4）皮带机布料。皮带机布料装置是将垂直溜槽布置在浇筑仓外，混凝土通过垂直溜槽输送到皮带机的集料斗里，然后由皮带机运送到浇筑仓内，再由卸料小车将混凝土卸在滑模前，卸料小车由牵引装置控制，可在皮带机上作水平移动，均匀地卸料，从而减轻了平仓工作。

皮带机布料方案如图 5-10 所示。

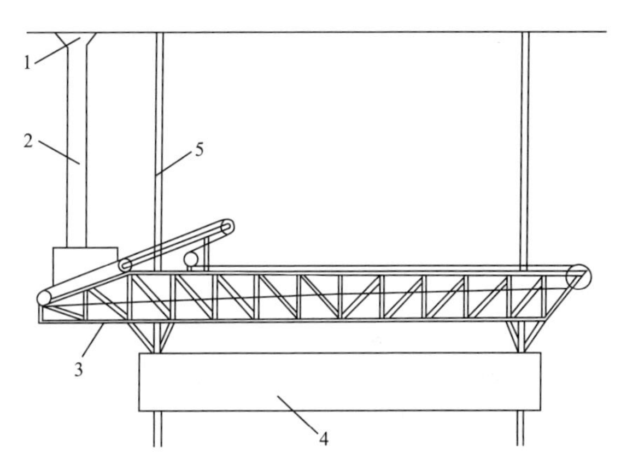

图 5-10　皮带机布料方案示意图

1—集料斗；2—溜筒；3—布料机；4—滑模；5—侧模

皮带机布料方式对提高布料的均匀性和布料速度等效果明显，但会导致施工成本提高。

3. 周边缝三角区混凝土浇筑

面板混凝土浇筑时，要进行面板周边缝三角区的混凝土浇筑。浇筑方法主要有旋转法、平移法和平移转动法，如图5-11所示。起始三角块宜与主面板一起浇筑。

(1) 旋转法。当周边缝三角区倾角较小，且滑模长度大于三角块斜边长度时，可先将滑模降至周边趾板顶部，然后由低向高逐步浇筑混凝土，并逐步提升滑模低端，高端不提升，使滑模以高端为圆心旋转，直至低端滑升到与高端平齐后，再进行标准正常滑升，如图5-11(a)所示。

(2) 平移法。对于周边缝三角区倾角较大，且趾板头部高出面板的三角块，需在靠陡周边的一端滑模上安装三角形附加模板，并在其斜边端部安装2只侧向滚轮。浇筑前，将滑模沿已浇板块或附加轨道和仓面附加轨道平移至相邻的已浇块或仓面上；拆除浇筑仓面附加轨道。浇筑时滑模两端同时提升；使滑模沿趾板水平移动，直至三角块浇筑完后脱离周边缝三角区而进行正常滑升，如图5-11(b)所示。

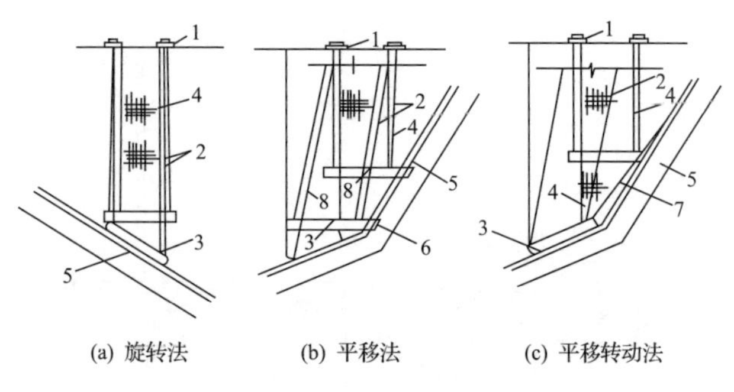

图5-11　周边三角块的滑模浇筑

1—卷扬机；2—钢丝绳；3—滑动模板；4—侧模；5—趾板；6—侧向滚轮；7—葫芦；8—轨道

(3) 平移转动法。对于周边缝三角区倾角较大，且趾板头部与面板平齐的三角块，可采用平移转动法进行滑模浇筑。先将滑模降至岸坡趾板顶部，然后由低向高逐步浇筑混凝土，并逐步提升滑模低端，高端暂不提，使滑模沿高端转动，随后通过岸坡趾板导向葫芦，同时启动高端卷扬机，使滑模沿趾板平移。如此下去，直至周边缝三角区浇筑完后，卸掉趾板导向葫芦而进入正常滑升，如图 5-11(c)所示。

4. 面板混凝土浇筑

(1) 混凝土入仓振捣。混凝土入仓应严格按规定层厚分层布料，每层厚度为 250～300mm。卸料宜在距模板上口 40cm 范围内均匀布料，以使模板受力均衡。

混凝土入仓后应及时进行振捣。振捣时，操作人员应站在滑模前沿的操作平台上施工。仓位中部使用振捣器直径不宜大于 50mm，靠近侧模的振捣器直径不应大于 30mm。振捣器不得靠在滑模上或靠近滑模顺坡插入浇筑层，以免滑模受混凝土的浮托力而抬升。振捣器插点要均匀，间距不得大于 40cm；插入深度应达到新浇筑层底部以下 5cm 振捣时间为 15～25s，目视混凝土不显著下沉、不出现气泡，并开始泛浆为准。严禁在提升模板时振捣。止水带周围的混凝土应采用人工入仓，并特别注意振捣密实。

(2) 模板滑升。模板滑升前，须清除模板前沿超填的混凝土，以减少滑升阻力。滑升时两端提升应平稳、匀速、同步；每浇完一层混凝土滑升一次，一次滑升高度为 25～30cm，并不得超过一层混凝土的浇筑高度。

滑模滑升速度，取决于脱模时混凝土的坍落度、凝固状态和气温，一般凭经验确定，平均滑升速度宜为 1.5～2.5m/h，最大滑升速度不宜超过 3.5m/h。滑升速度过大，脱模后混凝土易下坍而产生波浪状，给抹面带来困难，面板表面平整度不易控制；滑升速度过小，易产生黏膜使混凝土拉裂。滑模滑升要坚持勤提、少提的原则，滑升间隔时间不宜超过 30min。

(3) 抹面。混凝土出模后，人工采用木抹和钢抹立即进行第一次抹面，并用 2m 长直尺检查平整度，接缝侧各 1m 内的混凝土表面，不平整度不应超过 5mm。待混凝土初凝结束前，或采用真空脱水法对第一次抹面后的混凝土进行表面吸水处理后，及时进行第二次压面抹光。

5. 施工缝处理

面板混凝土施工应连续作业，如因故中断浇筑时间超过混凝土初凝时间，则必须停止浇筑，按施工缝处理。施工时应尽量避免发生这种情况。高混凝土面板堆石坝的面板以分期施工为主，必须设施工缝（水平缝），施工缝混凝土面在不小于1/2断面厚度按面板法向留设，其他部位可按水平方向留设。先浇面板的钢筋应穿过施工缝，露出施工缝的钢筋长度不应小于其锚固长度。施工缝一般如图5-12所示的形状处理。

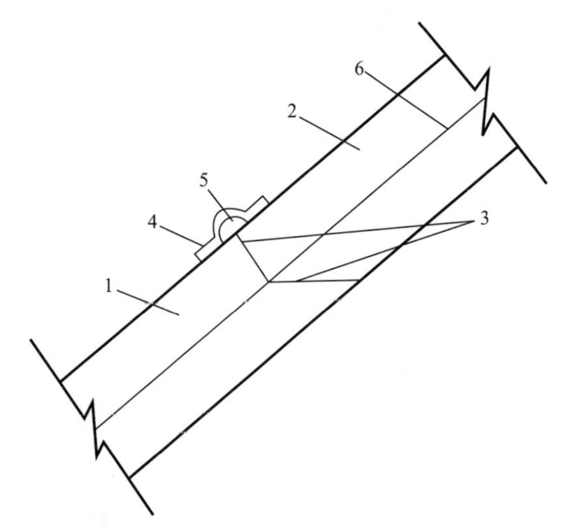

图5-12　面板水平施工缝处理

1—一期面板；2—二期面板；3—接缝面；4—防渗盖板；5—塑性填料；6—钢筋

浇筑后续面板时，施工缝处理的方法如下：

（1）清除缝面杂物，在清理观测仪器电缆附近杂物时必须十分小心，以防损坏电缆。

（2）先浇面板的外露钢筋必须调直、除锈后方可绑扎后续面板钢筋。

（3）缝面凿毛、冲洗、清除污物并排除表面积水。

（4）在湿润的缝面上，先铺一层厚2～3cm的水泥砂浆，其水灰比不得高于所浇混凝土，水泥砂浆应摊铺均匀，然后在其上浇筑混凝土。

如发现已浇面板与垫层间有脱空现象，应以低强度等级、低压缩性砂浆等灌注密实后再浇筑面板混凝土，保证其良好结合。

6. 混凝土养护和防护

(1) 混凝土养护。由于混凝土面板具有超薄结构且暴露面大，所以其水化热温升阶段短；最高温度值出现较早，随后很快出现降温趋势。面板表面及时连续保湿保温，有利于降低混凝土的热交换系数，减缓沉降和干缩变形，从而减少形成裂缝的破坏力。

1) 温湿地区养护。

① 二次抹面结束后，在滑模架后部拖挂长为 12～15m 长的、比面板略宽的塑料布（或防晒棚），以防止混凝土表面水分过快蒸发而产生干缩裂缝。

② 混凝土终凝后，覆盖草帘（袋）、麻袋或其他材料，并进行不间断的洒水养护。

③ 当部分Ⅱ序块面板浇筑后，便可在该区域安装滴管式或摇臂式喷头进行喷水养护。养护时间至少 90d，有条件时可养护到蓄水为止。

④ 经常检查草袋、麻袋或其他材料的覆盖情况，要及时补充覆盖材料；并修补混凝土裸露面。

2) 干旱地区养护。

① 混凝土脱模后（混凝土龄期 7d 前），应采用散热性能良好的材料覆盖，如单层（或双层）线毯等。

② 混凝土龄期 7d 内，“雾化”保温或提高洒水水温，降低养护水温与温升阶段的混凝土的温降差。

③ 面板蓄水前必须做好面板的越冬保护；可采用覆盖厚 50cm 粉砂土，5cm 厚聚苯乙烯板、线毡或其他覆盖材料防护保温。

④ 喷涂养护剂或粘贴土工织物。

(2) 混凝土防护。在混凝土养护期间，要注意保护混凝土表面不受损伤。Ⅰ序面板混凝土强度达到设计强度的60%时,方可进行Ⅱ序面板施工,以防止滑模损伤Ⅰ序面板混凝土。

面板分期施工时,当前期面板混凝土浇筑完毕接着进行上部坝体填筑时,应沿着混凝土分期线,采用竹跳板、木板等设置挡护板或拦渣埂,以确保已浇混凝土表面和养护材料不被破坏。

7. 特殊气候条件下面板混凝土的施工措施

面板混凝土浇筑应选择气温适宜,月平均气温在5~22℃,且昼夜温差小于10℃,湿度较大的有利季节进行;尽量避免在高温、低温、多雨季节施工。若必须在特殊气候条件下施工,必须采取相应措施,以确保面板混凝土的质量。

(1) 高温季节施工措施。

1) 避开高温时段,选择早、晚和夜间进行混凝土浇筑;

2) 滑模顶部搭设遮阳篷,滑槽顶部用雨布遮阳或设盖板,使混凝土入仓温度控制在28℃以下;

3) 对脱模后的混凝土喷水雾降温、保湿;

4) 使用湿草(麻)袋(或其他材料)及时覆盖新浇的混凝土,并加强前期养护,使草(麻)袋始终处于潮湿状态。

(2) 低温季节施工措施。

1) 避免在寒流到来或负温情况下浇筑混凝土;

2) 用热水(一般不宜超过60℃)拌制混凝土;

3) 混凝土脱模抹面后立即覆盖塑料薄膜,并加盖双层草袋或线毯或其他保温材料对混凝土进行保温养护。

(3) 雨季施工措施。

1) 在面板施工期间,必须时刻关注天气预报,预报无雨或小雨(降雨量小于5mm/h)时可以开仓,并在施工现场备好遮雨篷架、雨布(塑料布)等遮盖材料;

2) 小雨天气,坝坡面无淌水时,混凝土可照常施工,搅拌机口的坍落度可酌情减少,每1m³混凝土可增加10kg水泥;

3) 出模后未初凝的混凝土立即用塑料布覆盖;

4）遇到大雨时应立即停止浇筑，并及时用塑料布遮盖混凝土表面，雨后必须先排除仓内积水；如在混凝土初凝时间内浇筑，则应清除仓内被雨水冲刷的混凝土，加铺同标号砂浆后继续浇筑，否则按施工缝处理。

四、混凝土面板裂缝处理

经验之谈

混凝土面板裂缝预防的施工措施

★面板建基面应平整，不应存在过大起伏差、局部深坑或尖角，侧模应平直；

★当采用碾压砂浆或喷射混凝土作垫层料坡面保护时，其28d抗压强度应控制在5MPa左右，以减少其对面板建基面的约束；

★当上游坡面采用挤压边墙施工法，且面板钢筋采用架立筋固定时，应在混凝土浇筑时，及时割断架立筋；

★面板混凝土宜在低温季节浇筑，降低骨料、拌和水温度，对混凝土入仓温度应加以控制，并加强混凝土面板表面的保湿和保温养护，直到蓄水为止，或至少90d；

★混凝土浇筑过程中应加强振捣，提高混凝土的密实度，减少干缩；

★面板混凝土浇筑至坝顶后，宜至少间隔28d再浇筑防浪墙混凝土；

★面板混凝土及时洒水养护，降温保湿；为准确控制洒水养护时间，每块面板埋设适当的电测温度计，对面板温度进行实时检测，有指导性地进行洒水养护。在水化热温度峰值来临之前，大约在混凝土浇筑后48h内，加大洒水降温力度。若面板过长，则不要等整块面板浇筑完毕后再洒水养护，每浇筑15m长的面板即开始进行养护，以平抑温度峰值；而在水化热温度过后，不应再用大量冷水进行混凝土养护，应该采用间断和小剂量洒水法，将养护的重点转入保温保湿状态，特别是晚上，更应该保温。

1. 混凝土面板裂缝预防措施

由于导致面板混凝土产生裂缝的原因比较复杂，因此防裂措施也是多方面的。根据国内外混凝土面板堆石坝工程实践经验，防止混凝土面板产生裂缝的措施有以下几种。

（1）控制填筑质量和坝体预沉降措施。如果混凝土面板堆石坝的填筑质量存在问题，就容易使坝体产生不均匀变形而引起混凝土面板裂缝。因此在填筑施工时要严格控制碾压参数，确保碾压质量。在有条件的情况下，尽量采用全断面均衡填筑施工方案。面板分期施工时，先期施工的面板顶部填筑应有一定超高，坝高大于100m时，分期面板顶部以上超填高度不应少于10m。

坝体沉降是导致面板产生脱空变形和结构性裂缝的主要原因，为避免面板脱空和结构性裂缝的发生，应采取措施使坝体沉降多在面板混凝土施工前完成，即所谓预沉降。国内工程的施工经验表明，在面板施工前，坝体应具备不少于3个月的预沉降期；在采用临时断面度汛方案时，其预超填的高度不宜大于40m。

（2）施工措施。

1）面板建基面应平整，不应存在过大起伏差、局部深坑或尖角，侧模应平直。

2）当采用碾压砂浆或喷射混凝土作垫层料坡面保护时，其28d抗压强度应控制在5MPa左右，以减少其对面板建基面的约束。

3）当上游坡面采用挤压边墙施工法，且面板钢筋采用架立筋固定时，应在混凝土浇筑时，及时割断架立筋。

4）面板混凝土宜在低温季节浇筑，降低骨料、拌和水温度，对混凝土入仓温度应加以控制，并加强混凝土面板表面的保湿和保温养护，直到蓄水为止，或至少90d。

5）混凝土浇筑过程中应加强振捣，提高混凝土的密实度，减少干缩。

6）面板混凝土浇筑至坝顶后，宜至少间隔28d再浇筑防浪墙混凝土。

7）面板混凝土及时洒水养护，降温保湿；为准确控制洒水养护时间，每块面板埋设适当的电测温度计，对面板温度进行适时检测，有指导性地进行洒水养护。在水化热温度峰值来临之前，大约在混凝土浇筑后48h内，加大洒水降温力度。若面板过长，则不要等整块面板浇筑完毕后再洒水养护，每浇筑15m长的面板即开始进行养护，以平抑温度峰值；而在水化热温度过后，不应再用大量冷水进行混凝土养护，应该采用间断和小剂量洒水法，将养护的重点转入保温保湿状态，特别是晚上，更应该保温。

（3）面板混凝土原材料及配合比设计控制措施。面板混凝土原材料品种和质量，以及混凝土配合比设计对面板混凝土防裂至关重要。我国已建和在建的高混凝土面板堆石坝工程，大多在高性能混凝土的研究及应用方面进行了有益的探索。

采用中低热水泥，降低水化热温度，避免采用早强水泥，以免水化热过程过于集中。严格控制坍落度，减少用水量，从而减少混凝土的干缩。

通过优化混凝土配合比设计，配制抗裂性能良好的高性能混凝土，可减少甚至完全避免混凝土面板裂缝的产生，这已为我国多个高混凝土面板堆石坝工程的实践所证实。在混凝土配合比设计阶段，应做混凝土干缩、极限拉伸应变值、水泥水化热对比试验；在混凝土配合比基本确定后，应进行现场生产性试验，以验证混凝土和易性。使用高标号水泥设计配合比，减少水泥用量，降低水化热温度。

一般认为，在原材料中合理掺入外加剂、粉煤灰等，是获得高性能混凝土的重要途径。但根据不同工程的具体情况，采用的技术方案有所不同。

1）外加剂、粉煤灰“多掺”方案。如浙江珊溪水库混凝土面板堆石坝高132.5m，混凝土面板分二期施工，一期面板一次浇筑最大长度为143m（当时为国内最长）。为满足设计和施工对面板混凝土的技术要求，该工程确定了在混凝土原材料中同时掺VF-II防裂剂、NMR-1高效减水剂、BLY引气剂和粉煤灰的所谓“四掺”方案。获得了抗裂性能优良、满足施工要求的高性能混凝土。施工后，在大坝蓄水前经检查未发现裂缝。

2）联掺减水剂和引气剂的方案。有的工程采用联掺优质高效减水剂和引气剂的方案，以提高面板混凝土的强度、抗裂性、抗渗性和耐久性，并使和易用性得到改善。例如云南茄子山水库混凝土面板堆石坝，坝高106.1m。该工程原设计在面板混凝土原材料中掺15％～20％的粉煤灰，因客观条件限制，不能实施。改为联掺FDN-5高效减水剂和AEA202引气剂的方案，在裂缝控制方面取得良好效果。

3）单掺引气剂或减水剂的方案。湖南白云水电站混凝土面板堆石坝，最大坝高120m，混凝土面板分两期施工，一期面板的最大长度为136m。该工程在面板混凝土原材料中单掺DH-931引气剂。施工后，仅发现极少的裂缝。

2. 混凝土面板裂缝处理措施

混凝土面板裂缝一般按设计要求处理。目前国内面板裂缝处理通行的做法是，根据裂缝的宽度和是否贯穿分别采用表面封闭处理或化学灌浆处理。综合各工程施工经验，裂缝表面封闭材料可选用GB胶板及GB三元乙丙复合板；嵌缝材料为GB填料，灌浆材料为LW、HW水溶性聚氨酯等化学材料。

裂缝处理的工艺按缝宽分为两类：

1）裂缝宽度小于0.2mm的裂缝，采用“GB胶板及GB三元乙丙复合板”表面粘贴封闭处理方法。

2）裂缝宽度大于或等于0.2mm的裂缝，采用化学灌浆、柔性GB止水材料表面粘贴封闭(GB填料嵌槽处理方法)。

（1）宽度小于0.2mm裂缝的处理措施。宽度小于0.2mm的裂缝采用“GB胶板及GB三元乙丙复合板”表面粘贴封闭处理方法。具体施工工艺是：裂缝两侧混凝土面清理→涂刷SK底胶→粘贴GB胶板→涂刷SK底胶→粘贴GB三元乙丙复合板→封边处理。表面粘贴封闭处理结构如图5-13所示。

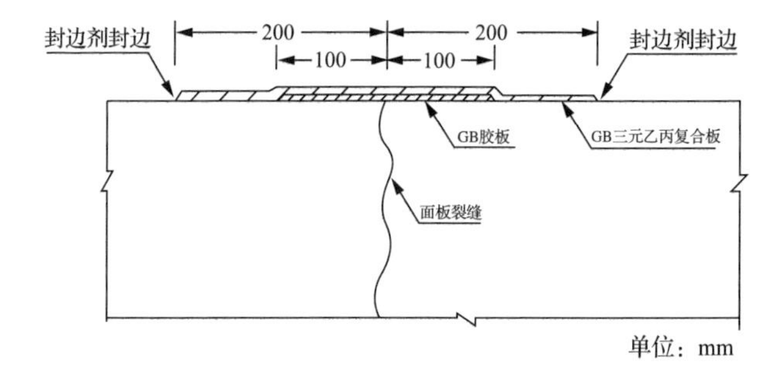

图 5-13　表面粘贴封闭处理结构图

1）将裂缝两侧各 20cm 范围内的混凝土表面用钢丝刷刷毛，除去松动的浆皮及凸出部位，并将混凝土表面的油渍、浮土、灰浆皮及杂物清除掉，用湿棉纱将清理后的混凝土表面擦拭一遍；要求混凝土表面平整、无灰尘、无明水；晾干后立即进行下一道工序，以防止混凝土表面再次受污染。

2）待基础面干燥后，沿缝两侧各 10cm 宽范围内，均匀涂刷 SK 底胶（均匀涂刷，不能涂厚及漏涂）。SK 底胶涂刷范围为待粘贴 GB 胶板的混凝土面，SK 底胶晾干后（静停 20～40min，用手触拉胶面能拉丝，细丝长度为 1cm 左右即可），揭掉 GB 胶板保护纸，沿裂缝一端逐步向前；采用橡胶手锤适度锤击的方式，挤压密实，排尽空气。GB 胶板接头的搭接长度不小于 3cm。

3）在已粘贴 GB 胶板两侧各 10cm 宽范围内的混凝土表面均匀涂刷 SK 底胶，待 SK 底胶晾干后（用手触拉胶面能拉丝，细丝长度为 1cm 左右即可），揭掉 GB 三元乙丙复合板保护纸，沿裂缝一端逐步向前粘贴 GB 三元乙丙复合板，粘贴时同样采用橡胶手锤适度锤击的方式对其挤压密实，排尽空气，使用配套的封边剂封边处理。

（2）宽度大于或等于 0.2mm 裂缝的处理措施。对宽度大于或等于 0.2mm 的裂缝采用化学灌浆、柔性 GB 止水材料表面粘贴封闭（GB 填料嵌槽）方法处理。

混凝土面板裂缝的化学灌浆材料采用 HW 和 LW 两种

水溶性聚氨酯材料，其特点是遇水立即发生聚合反应，聚合后的固结体具有良好的延伸性、弹性和抗渗性，固结体在水中浸泡后对人体无害、对水无污染、对混凝土和钢筋无腐蚀。而且 HW 和 LW 两种材料各有特性：LW 固结体为弹性体，可遇水膨胀，具有弹性止水和以水止水的双重功能，适用于变形缝的防水处理；HW 固结体有较高的力学性能，适用于混凝土或基础的补强加固处理。表面封闭材料采用 GB 柔性止水材料，具有高塑性、耐老化的特点，施工简便，且与混凝土有良好的黏结力。

具体施工工艺是：裂缝两侧混凝土面清理→钻孔→压水试验→配置浆液→灌浆→灌浆管封堵（凿 V 型槽→冲洗槽面→涂刷×YPE×浓缩剂→GB 填料嵌槽）→GB 止水材料粘贴。宽度大于 0.2mm 裂缝处理结构如图 5-14 所示。

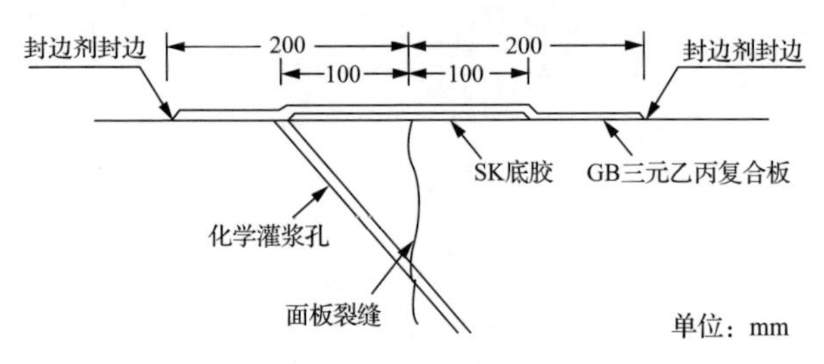

图 5-14　宽度大于 0.2mm 裂缝处理结构

1）清理裂缝。沿裂缝用铲刀清除混凝土表面析出物、灰尘，用钢丝刷或电动打磨光机打磨，使混 凝土面洁净、新鲜。清洁宽度为裂缝两边各 2～3cm，总宽度 4～6cm。

2）钻孔和埋设注浆管。沿裂缝一侧 10cm 位置，用冲击钻沿缝间隔 30cm 打斜孔，倾角 45°～60°，孔径 16mm，孔深 25cm，使其穿过缝面，并用风冲洗干净。灌浆塑料管直径 10mm，用棉纱将灌浆塑料管包紧，并浸透 HW 浆液，待浆液滴净后插入孔内 6cm，外露长度 10～15cm，用螺丝刀、手锤将棉纱塞紧。

3）封缝。沿缝面及灌浆嘴周围均匀涂刷 1cm 宽 HK961

环氧增厚剂，保证缝面及灌浆嘴外密 封，避免浆液外漏。

4）灌浆浆液配制。灌浆浆液配制按设计提供的配合比配制。如公伯峡混凝土面板堆石坝采用如下配合比。

① LW∶HW＝30∶70。

② 根据缝宽加入适量稀释剂丙酮：缝宽 $d \leqslant 0.25$mm，丙酮加量为 15％～20％；缝宽 $d > 0.25$mm，丙酮加量为 10％～15％。

③ 加固化剂 5％（通过现场试验确定其较优添加量）。

④ 加催化剂三乙胺 0.5％～0.8％。

各组成部分加入顺序：LW→HW→稀释剂→固化剂→催化剂，按顺序加入后，搅拌均匀，随配随用。

水平方向分布的孔逐孔依次灌浆，竖直方向分布的孔自上而下灌浆。灌浆压力 0.3MPa，当邻近孔出浆后，维持 0.3MPa 压力 3min 为止，然后用铁丝扎紧灌浆管。浆液固化 72h 后，割断灌浆嘴，再进行表面封闭处理。

5）试压。灌浆前做压水试验，以了解吃浆量、灌浆压力及各孔之间的串通情况，同时检验止 封效果。

6）灌浆。采用手压灌浆泵，灌浆压力 0.3～0.5MPa，灌浆顺序由上而下、由深而浅。当邻孔出现纯浆液后，将灌浆管用铁丝扎紧，继续灌浆，所有邻孔都出浆后，继续维持 0.3MPa 压力灌浆 3min，停止灌浆。

7）割落浆嘴。待浆液固化（一般 24h 即可）后，割掉灌浆嘴，进行下一步表面处理。

8）清理混凝土表面。将裂缝两侧各 20cm 范围内的混凝土表面用钢丝刷刷毛，除去松动的浆皮及凸出部位，并将混凝土表面的油渍、浮土、灰浆皮及杂物清除掉，用湿棉纱将清理后的混凝土表面擦拭一遍；要求表面平整、无灰尘、无明水；晾干后立即进行下一道工序，以防止混凝土表面再次受污染。

9）粘贴 GB 胶板。待基础面干燥后，沿缝两侧各 10cm 宽范围内，均匀涂刷 SK 底胶（要求必须均匀涂刷，不能涂厚及漏涂)。SK 底胶涂刷范围为待粘贴 GB 胶板的混凝土面,SK 底胶晾干后(静停 2~4min,用手触拉胶面能拉丝,细丝长度为 1cm 左右即可),揭掉 GB 胶板保护纸,沿裂缝一端逐步向前;采用橡胶手锤适度锤击的方式,挤压密实,排尽空气。GB 胶板接头的搭接长度不小于 3cm。

10) 粘贴 GB 三元乙丙复合板。在已粘贴 GB 胶板两侧各 10cm 宽范围内的混凝土表面均匀涂刷 SK 底胶,待 SK 底胶晾干后(用手触拉胶面能拉丝,细丝长度为 1cm 左右即可),揭掉 GB 三元乙丙复合板保护纸,沿裂缝一端逐步向前粘贴 GB 三元乙丙复合板,粘贴时同样采用橡胶手锤适度锤击的方式对其挤压密实,排尽空气,使用配套的封边剂封边处理。

3. 裂缝处理质量控制

1) 混凝土裂缝两侧表面处理应达到表面干燥,无油渍、浮浆、碎砂石,混凝土表面无蜂窝、麻面。

2) GB 复合板覆盖前要求 SK 底胶涂刷均匀不漏刷,涂刷范围为待粘贴 GB 复合板的混凝土面;复合板粘贴平整密实,排出空气;复合板接头部位搭接紧密,搭接长度为 25cm,搭接边缘使用 GB 填料封边密实;混凝土面和 GB 复合板各 3cm 范围内用封边剂封边,封边平滑、无棱角。

3) 施工过程中要保持粘贴面干燥,雨、雪天需采取遮蔽保护措施,否则不进行施工作业。

4) GB 胶板及 GB 三元乙丙复合板在未使用时,不得将防粘纸撕开,以防止材料表面受到污染,影响使用效果。

5) 施工完成后,12h 内禁止过水,避免养护水浸泡,也不要任意撕扯,造成人为破坏。

第三节 安全措施

一、趾板施工安全措施

1. 基岩面清理及整修安全措施

(1) 岸坡基岩面清理及整修时,应检查施工部位上下及周边环境,设置安全防护栏、警示标志、安全巡视员。

(2) 不良地质缺陷需爆破处理时,应做好各项爆破防护工作。

(3) 清理及整修基岩面所使用的工器具,性能应可靠;高压风管或高压水管的接头必须连续牢固,开关灵活。

(4) 采用手持式高压水枪冲洗时,其他人员应离开冲洗部位。操作者应穿绝缘鞋,戴绝缘手套,同时应避免拖动高压水管时与电缆线等带电体接触。

2. 锚筋埋设安全措施

(1) 锚筋孔采用风动钻机钻孔时,风管接头必须牢固,不得脱落;气动支架也必须支撑牢固,工作时不应滑动。

(2) 开钻前,检查周围有无不稳固的岩石,作业时操作人员应两脚前后侧身站稳,必要时系好安全绳。禁止骑马式作业,以防断钎伤人。

(3) 锚筋搬运至孔位,应及时注浆锚固。坡面临时堆放的锚筋应防止滑落。

3. 铜止水带加工与安装

(1) 加工铜止水带时,须遵守滚轴式挤压或其他成型机具的安全操作规定,应避免操作不当而受到伤害。

(2) 在搬运和安装铜止水带时,应避免滑落或割伤,现场焊接时,应遵守焊接的有关安全技术操作规程,必须针对施工部位特点,做好自身防护。

4. 模板安装安全措施

(1) 模板支立应稳定牢固,接缝严密;

(2) 拆模时严禁操作人员站在正拆除的模板上;

(3) 散放的钢模板应用箱架集中转移,不得任意堆捆转运。

5. 钢筋制作安装施工措施

(1) 钢筋制作、焊接和安装,应遵守有关安全操作规程,并针对现场实际进行相应有效的安全防护。

(2) 在陡坡上绑扎钢筋,应待垂直模板立好,并与埋筋拉牢后进行，且应设置牢固的支架。

(3) 绑扎钢筋前，应检查附近供用电线路及电器设备，若钢筋易接触带电物体，应通知电工拆迁或隔离。

(4) 钢筋进入施工现场则应及时安装绑扎，临时堆放必须稳定，应避免顺坡滑落造成事故。

6. 混凝土运输与浇筑

(1) 搅拌车、自卸车等机动车辆运输混凝土时，驾驶员必须遵守交通规则和有关安全操作规定，严禁不具备安全行车条件的车辆和驾驶员参与运输。

(2) 输送泵或泵车输送混凝土时，必须选择合适地点，将其停置稳定；泵管安装须牢靠，拆卸方便。

(3) 当使用溜筒、溜槽运送混凝土时，其单件连接必须牢固，处理故障时，不得直接在溜筒上攀登。进料平台四周应设置栏杆和挡脚板，下料口不用时必须封盖。

(4) 用吊罐运送混凝土，要经常检查维修吊罐。使用时各关键部位必须完好无损；指挥信号必须明确、准确无误；指挥人员应受过专门训练，动作熟练。

(5) 混凝土入仓振捣过程中，要有专人经常观察模板、支撑、拉条是否变形，如发现变形，能维修时立即维修，有倒塌危险时，则立即通知停止混凝土入仓，并报告有关人员。

二、面板施工安全措施

(1) 模板设计应有足够的刚度，安装、运行、拆卸方便，具有安全保险装置和通信联络措施。

(2) 卷扬机应安装在坚固的基础上，安装地点能使操作人员清楚地看见滑模运行。同组牵引滑模的两台卷扬机应同型号。使用前应对钢丝绳、电器设备、制动装置进行精心检查，经鉴定可靠后方可拉模。

(3) 滑模下放或上升时，要有专人负责上下联系，做到统一指挥。滑模运动时，上口和下口作业面严禁施工人员停留和行走。牵引前应仔细观察，确认同边无异常情况后再进行上、下动作。

(4) 钢筋进入施工部位后，应及时逐一绑扎、焊接。不得直接堆放在坡面上，防止钢筋顺坡滑落伤人。

（5）皮带机桁架与滑模连接部位必须经常检查，保持牢固，以防在运行或随滑模同步滑移过程中垮塌。

（6）螺旋机转动的危险部位应设防护装置，喂料口周围应设有围栏。处理故障或维修之前，必须切断电源停止运转。

（7）下料滑槽要固定牢靠，以免下料时飞石伤人。集料斗下料时，操作人员应均匀放料，不得时快时慢，造成拉模上口出现混凝土料雍高现象，增加牵引设备的荷载。

（8）面板混凝土浇筑，振捣人员应主动避开混凝土卸料处，当滑模滑升时，离开滑模退避到安全位置。

第六章

接缝止水施工

面板接缝止水结构是混凝土面板堆石坝的关键部位，它关系到混凝土面板堆石坝的运行安全和水库效益。大多数工程运行表明，混凝土面板堆石坝的接缝止水尤其是周边缝的止水承受多向变位，是可能发生漏水的主要通道。

接缝止水的结构不仅与坝高有关，还与坝址的地形、地质条件、接缝所在的位置等有密切关系。

第一节 接缝止水型式

混凝土面板堆石坝的接缝止水材料主要有金属止水带、塑料止水带等。

一、金属止水带

金属止水带包括铜止水带和不锈钢止水带，其中铜止水带应用较广泛。

1. 铜止水带的类型

铜止水带主要有F型、W型和V型三种，如图6-1所示。

2. 铜止水带的要求

(1) 表面光滑平整，无砂眼或钉孔，如有光泽，浮皮、锈污、油漆、油渣均须清除干净。其化学成分符合现行国家标准《铜及铜合金带材》(GB/T 2059—2008)的规定。

(2) 铜止水带的厚度宜为0.8～1.2mm。

(3) 宜选用软态的纯铜带加工铜止水带，其抗拉强度应不小于205MPa，伸长率应不小于30%。

(4) 铜片宜在现场加工压制成型，异型接头宜在工厂加工压制成型。

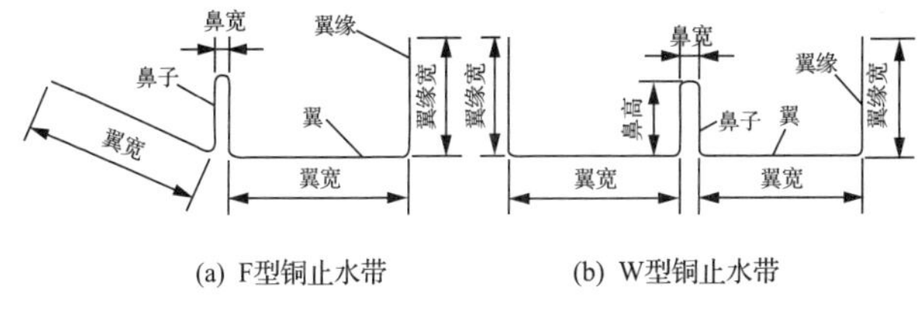

(a) F型铜止水带　　(b) W型铜止水带

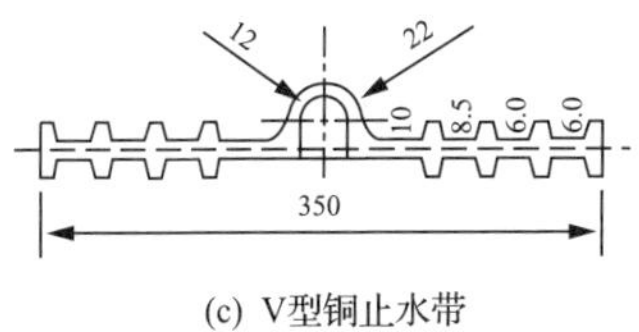

(c) V型铜止水带

图 6-1　铜止水带

二、塑料止水带

1. 塑料止水带的类型

塑料止水带包括橡胶止水带和 PVC 止水带两种。

橡胶止水带具有良好的弹性，耐磨性、耐老化性和抗撕裂性能，适应变形能力强、防水性能好，温度使用范围为－45℃～＋60℃。当温度超过 70℃，以及橡胶止水带受强烈的氧化作用或受油类等有机溶剂侵蚀时，均不得使用橡胶止水带。

PVC 止水带是由优级聚氯乙烯树脂与各种化工填加剂，经混合、造粒、挤出等工序而制成的止水带产品，可以充分利用聚氯乙烯树脂具有的弹性变形特性在建筑构造接缝中起到防漏、防渗作用，且具有耐腐蚀、耐久性好的特点。

2. 塑料止水带的要求

(1) 橡胶止水带和 PVC 止水带的厚度宜为 6～12mm。

(2) 止水带不得有气孔，应塑化均匀，不得有烧焦及未塑化的生料。

(3) 性能满足现行国家标准《高分子防水材料 第 2 部分：止水带》(GB 18173.2—2014) 的有关规定。

第二节　接缝止水带加工与接头连接

一、接缝止水带加工

1. 一般规定

(1) 面板接缝的止水型式、结构尺寸及材料品种规格，均应符合设计规定。

(2) 接缝止水材料的品种、生产批号、质量均应记录备案。

(3) 各种止水材料均应有合格证书，在加工和使用前，由现场试验室随机取样，进行检测和试验，检测和试验结果报送监理工程师审核。

(4) 除无黏性材料外，接缝止水材料不得露天存放。

(5) 周边缝下沥青砂浆垫层或水泥砂浆垫层，应按设计要求配置，所用材料、配比、尺寸及厚度应满足设计要求。

2. 铜止水带的材料加工

(1) 铜止水带应采用卷材，在工作面附近按设计形状、尺寸，采用专门成型机，根据需要长度，在施工作业面附近连续压制成型，异型接头在厂家定做，止水带成品表面平整光滑，无裂纹、孔洞等损伤。图 6-2 为止水带手动成型机示意图，图 6-3 为止水带自动成型机示意图。

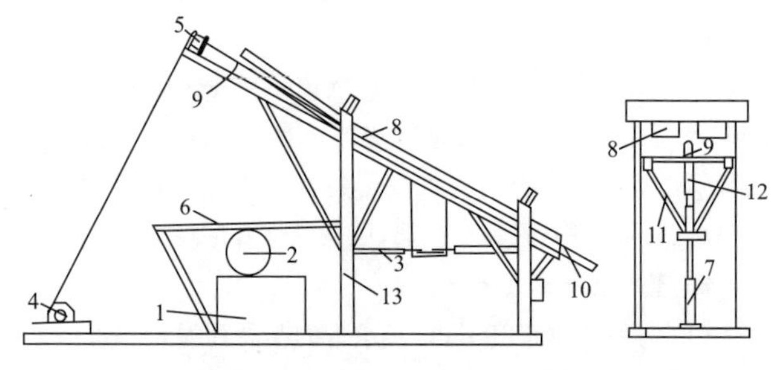

图 6-2　止水带手动成型机示意图

1—油泵；2—电动机；3—转换装置传送杆；4—铜片卷材；5—导向轮；6—操作平台；7—液压油缸；8—凹模；9—凸模；10—W 型止水铜片；11—支架；12—转换装置；13—机架

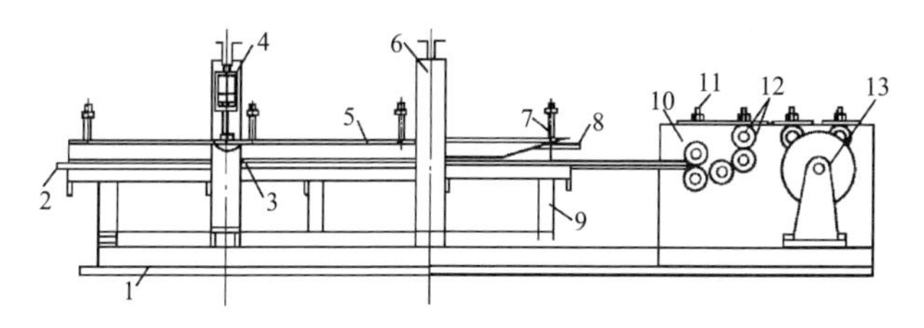

图 6-3　止水带自动成型机示意图

1—底座；2—W 型止水铜片；3—下压板；4—液压系统；5—上压板；6—油缸支架；7—导向机构；8—压头板；9—下压板支架；10—滚轮支架；11—调整丝杆；12—滚压轮轴；13—减速机构

(2) 成型后的止水带应专人检查。表面应平整光滑，其形状、尺寸应符合要求，不得有机械加工引起的裂纹、孔洞等损伤。在搬运和安装时，应避免扭曲变形或其他损坏。铜止水带下的砂浆垫应平整，其平整度用 2m 长的直尺检查，偏差不得大于 5mm。砂浆垫的宽度和厚度，应符合设计要求，宽度不应小于垫片宽度。

二、接缝止水接头连接

面板接缝止水系统是一个全封闭的系统，因而接头数量和种类较多。止水带接头型式可分为铜片与铜片、PVC 止水带与 PVC 止水带、橡胶止水带与橡胶止水带，铜片与 PVC(或橡胶)止水带、铜片或 PVC(或橡胶)止水带与柔性填料止水的连接等。工程实践表明，止水带接头的连接质量最容易出现质量缺陷而形成漏水通道，因此，接头的连接质量是保证止水施工质量的关键。

在止水带连接施工前，应对各种止水片(带)进行焊接试验，以确定焊接工艺和焊接材料，并记录备案。安装止水片(带)时，应仔细检查止水片(带)的焊接或连接质量，不合格的接头应及时返工。

1. 异型接头

连接面板接缝止水系统里有一些十字形和 T 形接头，称为异型接头。为适应面板双向自由变形的特点，保证接头质量，铜止水异型接头连接常采用工厂整体加工成十字形和 T

形接头。异型接头示意图如图 6-4 所示。

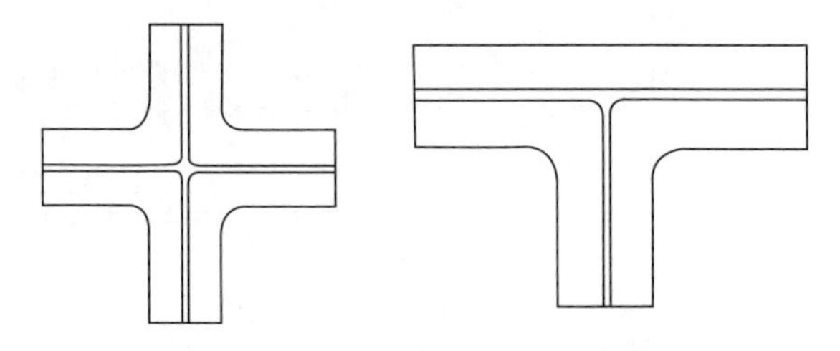

图 6-4　整体异型接头示意图

2. 铜止水带连接

铜止水带的异型接头宜在现场车间内用黄铜焊条焊接加工或在工厂整体冲压成型并作退火处理。成型后的接头不应有裂纹或孔洞等缺陷，并经检验合格后方可用于止水工程。若有局部减薄，其最小厚度不应小于设计厚度。

铜止水带连接采用对缝焊接或搭接焊接，焊缝处的抗拉强度不应小于母材抗拉强度的 70%。对缝焊接时应采用单面双层焊接焊缝，必要时可在对缝焊接后利用相同止水带形状和宽度不小于 60mm 的贴片，对称焊接在接缝两侧的止水带上，以增强接头适应变形的能力。搭接焊接宜采用双面焊接，搭接长度应大于 20mm，一般控制为 50～60mm。

铜止水带焊接方法有黄铜焊条气焊、钨极氩弧焊等。用黄铜焊条气焊，焊接时应对垫片进行防火、防融蚀保护。其具有不受施工现场影响、焊缝具有较好的塑性、焊接质量满足要求、价格低的特点，目前一般采用此法。钨极氩弧焊用惰性气体保护，惰性气体不溶于液态金属，也不和液态金属产生化学反应，用它能成功地焊接易氧化、化学活动性较强的有色金属和不锈钢，由于它在小电流下能稳定燃烧，适合焊接薄板，国外多用此法。但氩气较贵，焊接成本高，对环境条件要求较高，一般在厂内焊接时采用。

铜止水带的焊接接头应表面光滑，不渗水，无孔洞、裂隙、漏焊、欠焊、咬边伤等缺陷，并抽样采用煤油或其他液体做渗透试验检验。

3. PVC 与橡胶止水带连接

(1) PVC 止水带连接。PVC 止水带接头宜在工厂定做，若在现场加工，接头连接处不应有气泡或漏接，中心部分黏结应紧密、连续，可用热(熔)黏结或热焊，搭接长度应大于150mm。目前多采用烙铁热接法。连接前，先将要熔接的止水带两端接头切割平齐，用酒精将搭接面清洗干净，接头部位的下部用木板或铁板垫平，再将已达到焊接温度的烙铁放在两个搭接头的中间，加力挤压两侧止水带，然后将烙铁缓缓地抽出，最后将接头的周边缝焊接闭合，接头即完成。焊接此种接头时，烙铁的温度必须控制好。温度高了，塑料片会被烧焦，接头黏结不了；温度低了，塑料片熔触不好，接头黏结不牢。通常塑料止水带的焊接温度控制在 180℃左右。目前有厂家开发了碳化硅熔接器，专用于 PVC 止水带的熔接。其方法是将熔接器插电预热，随后将止水带放在夹具中对准熔接器两侧进行烘烤，待止水带全断面熔化(但不被烧焦)后，随即把两接头对齐在一起，加力挤压，直到冷却即完成。

(2) 橡胶止水带连接。橡胶止水带连接一般采用硫化连接，接头内不得有气泡、夹渣或渗水，中心部分应黏结紧密。其工艺是在两条橡胶止水带接头处填塞混炼胶片，控制一定温度、一定时间，用专用的硫化接头仪进行焊接，混炼胶片与橡胶止水带接头处的硫化剂扩散至接头界面，与硫化胶内剩余的双键发生交联反应，形成共硫化体系，使接头处连为一体。

硫化连接应把握以下三点：

1) 止水带接口的切割应切成 45°斜口；

2) 止水带接口斜面及待填入的混炼胶片正反面均需用清洁剂(如甲苯等)擦洗，不洁处可反复擦洗几次；

3) 掌握模具温度及加热时间，在环境温度为 20℃的条件下，模具温度宜设在 135℃，时间断电器宜设在 22min，现场施工时应依外部环境适当调整。

规范要求 PVC 与橡胶止水带接头内不得有夹渣或渗水，中心部分应黏结紧密连续，拼接处的抗拉强度不小于材料抗拉强度的 60%。

4. 铜止水带与 PVC(或橡胶)止水带的连接

铜止水带与 PVC(或橡胶)止水带接头(通常称为变接头)，应先将 PVC 止水带或橡胶止水带的一面削平，并可在两种止水带间用塑性密封材料或优质黏结剂黏结后，再实施铆接或螺栓连接，栓(搭)接长度不宜小于 350mm。PVC 止水带的连接也可热压在金属止水带上，趁热铆接。接头应黏结牢固，焊缝不得有张开现象。

5. 铜止水带或 PVC(或橡胶)止水带与柔性填料止水的连接

这种连接应按插入法连接，插入塑性填料内的深度不宜小于 100mm。一般有柔性填料井式、插入式(即止水带插入在柔性填料中进行密封处理)等方式。图 6-5 为柔性填料井式连接示意图，图 6-6 为插入式连接示意图。

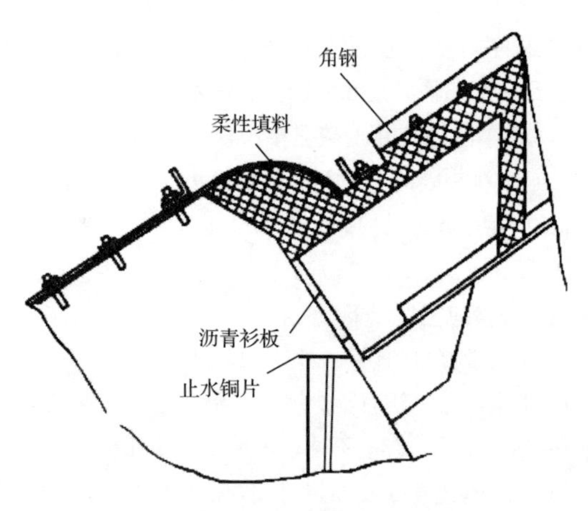

图 6-5　柔性填料井式连接示意图

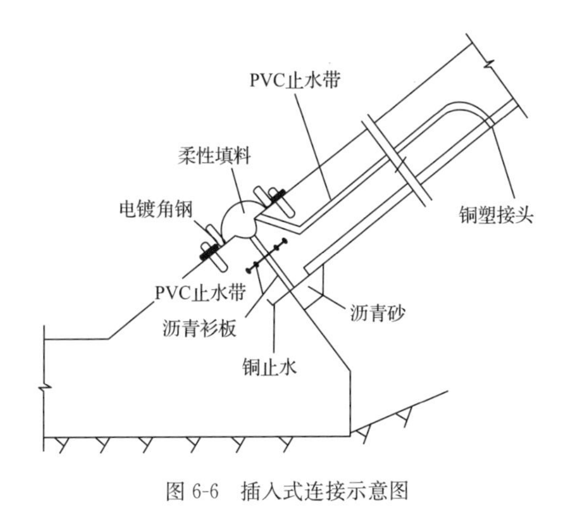

图6-6　插入式连接示意图

第三节　止水带安装与填料施工

一、止水带安装与保护

1. 止水带的安装

(1) 一般规定。

1) 在安装时,面板接缝中隔离板应平直。隔离板采用模板时,应刨光并经防腐处理。

2) 止水带应确保中线与缝中线重合,允许偏差应为±10mm。安装完毕后,应验收合格,方可进行下道工序施工。

3) 止水带安装时,作业人员应轻拿轻放,避免与钢筋等碰撞、挤压,以防止水带变形或损伤。安装就位后,质检员应对其进行仔细检查,尤其应检查焊接接头质量。经质检员检查合格后方可立侧模。

(2) 铜止水带安装。

1) 垫层及混凝土施工。铜止水带安装前需进行铜止水带垫层施工。铜止水带下的砂浆垫应平整,其平整度用2m长的直尺检查,偏差不应大于5mm。砂浆垫的宽度和厚度,应符合设计要求。周边缝下砂浆垫层或沥青砂垫层,应按设计要求配制。其所用的材料、配比、尺寸及厚度应满足设计要求。在止水带附近的混凝土浇筑时，应指定专人平仓振捣，并有止水带埋设安装人员监护，避免止水带变形、变位，并应避免骨料集中、气泡和泌水聚集及漏浆等缺陷产生，保证该区域混凝土密实。浇筑准备和拆模施工过程中要有专人看管，防止钢筋、模板、扣件等硬物从上跌落损伤止水带。

2）止水带清理及修补。在搬运、安装铜止水带时不得扭曲、损坏。安装前应进行检查，应将其表面浮皮、锈污、油漆、油渍等清除干净，砂眼、钉孔、缺口等缺陷应进行焊补。

3）止水带就位安装。按设计要求把铜止水带在侧模止水预留口处，用侧模夹紧、焊接等措施固定牢靠。因模板变形而形成的缝隙要用木条等材料塞紧，不得在铜止水带上穿孔。止水带的中心线必须在接缝线上，其安装误差不得大于5mm。铜止水带与聚氯乙烯垫片接触的缝隙，应按设计要求填塞橡胶棒等可塑填料，必须防止浇筑混凝土水泥浆进入金属止水带的鼻子空腔、止水带与垫片间的空隙；防止金属止水带鼻子外侧与混凝土黏结。

对于周边缝铜止水带，就位安装后应在其鼻子外缘涂刷一薄层沥青漆，或贴宽度为鼻子周长一半的防粘胶带纸，以防鼻子顶部与混凝土黏结，提高其适应变形的能力。但刷漆一定要薄，避免流淌，污染他处。

（3）PVC（或橡胶）止水带安装。

1）止水带清理与修复。PVC（或橡胶）止水带安装前应清除PVC（或橡胶）止水带表面的油漆、污染物，并检查是否有质量缺陷，如有破损应及时修复或更换。

PVC止水带接头应按厂家要求连接，可用热（熔）黏结或热焊，搭接长度应大于150mm。橡胶止水带接头应采用硫化连接。接头内不得有气泡、夹渣或渗水，中心部分应黏结紧密、连续。PVC止水带和橡胶止水带接头的抗拉强度不应小于母材抗拉强度的60%。

2）止水带安装。PVC或橡胶垫片应平铺或粘贴在砂浆垫上，不应有褶曲、脱空。

按施工图纸准确放样定点，PVC止水带或橡胶止水带应采用模板夹紧，并用专门措施保证在安装中不偏移，中间的PVC止水带，要防止浇筑混凝土时止水带受振翻卷、扭曲。应用专门固定措施确保止水带平面平行于面板，止水带翼缘端部的上下倾斜值，不应大于10mm。铁丝固定时，只允许在距边缘上2cm宽度内穿孔固定，其他部位不得任意穿孔。待先浇块仓内浇筑的混凝土拆模后，再用铁丝将后浇块仓内的止水带固定牢固。安装就位后，止水带中心线与设计线的偏差，不得超过5mm。

安装波形橡胶止水带前，应将与其接触的混凝土表面擦拭干净，并涂刷黏结剂，安装后拧紧两侧固定螺栓。

周边缝若设有中部橡胶棒，趾板上橡胶棒位置处，应预留与橡胶棒直径相适应的半圆槽，浇筑面板混凝土前，将橡胶板固定在预留槽内，并用胶带纸进行局部加固。橡胶板的链接，可在端部削成一定的斜度，用黏结剂黏结。

趾板伸缩缝的止水带应埋入基岩止水基座。基岩止水基座应按设计要求的尺寸挖槽，基座混凝土应振捣密实。

2. 止水带的保护

（1）混凝土浇筑时止水带的保护。混凝土浇筑对接缝止水施工的质量影响很大。所有露出混凝土的止水带（尤其是周边缝止水带）必须及时保护。有些工程出现止水带位置不准确，或止水带受到破坏的问题，往往是在混凝土浇筑过程中引起的。止水带一旦被破坏或变位，以后很难弥补，必须更换或修理，并查明原因，记录备案。

止水带安装完成后应特别重视对浇筑过程中的监控。可采取以下措施：

1）指定专人跟班监护。在每一个有止水设施的混凝土浇筑仓位，在浇筑混凝土时派专人维护，以避免止水带因施工引起变形变位或遭到破坏，使止水带失效。

2）入仓和振捣控制。浇筑止水设施附近的混凝土时应精心施工，止水带周围混凝土振捣密实，避免混凝土分离和骨料集中、气泡和泌水聚集等现象。混凝土拌和物控制在离止水带 40～50cm 外下料入仓，下料后应将堆积在止水带附近的骨料撒开，再用铁锹铲料填塞止水带的周围。止水带处的混凝土宜采用小直径振捣器，认真振捣密实，不得漏振欠振。振捣棒应在距止水带 20cm 处垂直插入。振捣时如发现止水带有翻卷现象，必须及时进行复位，必要时应挖出混凝土重新填。

（2）后浇部分的止水带保护。施工中的铜止水带外露部分，应采用方木对夹或采用木制或金属盒罩保护。对已预埋在趾板或先浇块混凝土内的止水带，在继续浇筑混凝土以前需要进行保护，以免受到自然和人为的破坏。尤其是趾板混凝土浇筑后较长时间才浇筑面板，止水带后浇部分暴露的时间也较长，很容易被破坏，更需要及时加以保护。

对止水带保护的方法很多，实际工程中，有采用木盒或金属盒罩保护的，有用方木或草袋装砂围护的，可视工程具体情况选用。图 6-7 为止水带保护示意图。

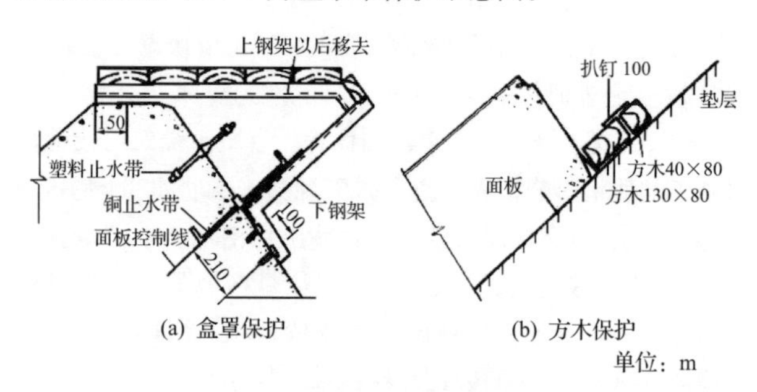

图 6-7　止水带保护示意图

施工中，止水带如有损坏或破坏，应修补或更换，并查明原因，记录备案。止水带有严重变形时，在浇筑前应做整形处理。修补处理后应经监理工程师验收合格后方可进行下一道工序施工。

二、嵌缝材料施工

嵌缝材料包括塑性材料和无黏性材料。塑性材料是一种沥青改性材料;无黏性材料主要是指粉煤灰和细粉砂。嵌缝材料设在周边缝和面板张性垂直缝的顶部。

1. 塑性填料施工

(1) 接缝顶部应按设计要求的形状和尺寸,预留嵌填塑性填料的V形槽。

(2) 塑性填料施工应在接缝混凝土强度达到设计强度的70%后进行,且施工应在日平均气温高于5℃、无雨的白天进行,否则应采取专门措施。塑性填料分期施工时,施工接头端部应密封保护。

(3) 嵌填塑性填料之前,用钢丝刷将预留槽的两边刷干净,用水冲洗并修整缺陷后,晾干或采用酒精灯烘干。应将混凝土表面清理干净、无松动混凝土块。如设计设置波形止水带,嵌填前应再次拧紧止水带固定螺栓。接触面无法处理干燥时,应采用潮湿面黏结剂。冷底子油使用前要搅匀,用毛刷槽内、外壁均匀涂刷一遍;外壁部位要适当刷宽一些,不可漏刷。

(4) 缝口设置PVC或橡胶棒时,应在塑性填料嵌填前将棒嵌入缝口。PVC或橡胶棒的接头宜切成斜面,并黏结固定。

(5) 塑性填料应按厂家的工艺要求嵌填密实,宜采用挤出机嵌填。待冷底子油刷后1h左右,手感快干时,即可将嵌缝材料切成条状压入槽内,并填到设计规定的形状,最后用木锤锤紧,嵌填密实。塑性填料嵌填后的外形、尺寸应符合设计要求,表面无裂缝和高低起伏,并经检查后,再分段安装防渗保护盖片。嵌缝材料嵌填完毕后,及时盖上橡胶板或塑料板,并用冲击钻钻孔,埋设膨胀螺栓,牢固地固定在混凝土板上。

(6) 防渗保护盖片的固定宜用经防锈处理的扁钢和膨胀螺栓,有冰冻的地区宜用沉头螺栓。防渗保护盖片固定后与混凝土面密封结合。防渗保护盖片的接头可采用硫化连接或搭接，搭接长度应大于200mm。

2. 无黏性填料施工

(1) 粉煤灰和细粉砂等无黏性材料通常设在周边缝和面板张性垂直缝的表层，外罩土工织物，再用穿孔镀锌铁皮或不锈钢罩保护。

(2) 无黏性填料施工应自下而上进行。河床段应分层填筑、压实，其外部可直接用土工布或土石等材料保护。设计有保护罩时，可先安装保护罩，然后填入无黏性填料。

(3) 无黏性填料保护罩的材质、尺寸、紧固件规格和间距应符合设计要求。角钢及膨胀螺栓应防腐处理。保护罩和混凝土接触面应密封。

(4) 周边缝顶部若同时有塑性和无黏性填料时，应先完成塑性填料的施工后，再进行无黏性填料施工。

第四节 安 全 措 施

设置接缝止水设施一般采取以下安全措施：

(1) 坡面设计人行踏梯，并作好施工用电、夜间照明等安全防护措施。

(2) 运送各种止水带时，应针对不同运送方式，采取相应的防滑落措施。止水铜片转运至作业面时，应用麻绳拴牢往下放。下放时，其下方坡面上人员必须让开。就位后的止水带应进行临时加固，以免滑动。运送热化过的沥青时，须穿戴相关防护衣、防护鞋，避免烫伤。

(3) 焊接铜止水带时，应遵守焊接的有关安全技术操作规程。焊接人员还应针对坡面工作的特点做好自身防护。

(4) 非定型的止水带成型机具，除应有安全保护和控制装置外，还应有完整的设备说明书和具体安全操作规定。

(5) 施工现场止水带成型加工地点应留有宽敞的通道和充足的出料空间，并应考虑操作时的材料摆放。

(6) 采用热黏结或热焊 PVC 止水带或采用硫化连接橡胶止水带，在使用电加热器或炭火时，须遵守用电或用火安全规定，应避免触电、烫伤或失火。

(7) 面板接缝止水安装作业人员，应谨慎作业，避免与钢筋、模板等物碰撞，落脚不踏空或踏在活动物件上，必要时使用安全带。

第七章

监测仪器埋设

第一节 监 测 项 目

一、监测目的

安全监测是混凝土面板堆石坝建设和管理工作的重要组成部分,其目的主要是监测大坝在施工期和运行期工作的实际工作状态,对大坝的运行状况进行评估和预测预报,为确保工程安全,改进和提高混凝土面板堆石坝的设计、施工及管理的水平提供科学依据。

由于混凝土面板堆石坝的设计一般以经验分析为主,安全监测则可作为直接经验的来源,受到国内外坝工界的广泛重视。因此,随着混凝土面板堆石坝筑坝技术的不断发展,安全监测技术水平也在不断提高。

二、监测项目

混凝土面板堆石坝的监测项目,主要有坝体变形监测、混凝土面板变形监测、渗流监测、大坝强震反应监测等。

1. 坝体变形监测

(1) 外部变形监测:主要包括对坝体外部的水平位移和竖向位移的监测,可测得坝体外部的水平位移量(向下游)和垂直沉降量。

(2) 内部变形监测:主要包括对坝体内部的水平位移和竖向位移监测,可测得坝体内部的水平位移量(向下游)、垂直沉降量及其在坝内的分布情况。

若坝基为较厚的砂砾石覆盖层时,还须进行坝基覆盖层变形监测。有的工程还设置有堆石压力监测项目。

2. 混凝土面板变形监测

混凝土面板变形监测主要包括面板挠度的变形监测，面板的应力、应变及温度监测，面板脱空监测，周边缝和板间缝开合度。

3. 渗流监测

渗流监测主要包括坝体坝基渗流量监测，绕坝渗流监测及坝基渗压监测。

第二节　施　工　准　备

1. 图纸审查和设计交底

在收到设计图纸和监测仪器埋设清单后，项目工程师、技术部、仪器埋设负责人及技术人员应对图纸进行审核。

2. 埋设方案与计划的编制

技术部应组织仪器埋设负责人及技术人员编制仪器埋设方案、制订作业指导书、编制仪器埋设施工进度、材料供应计划、劳动组织计划等。报监理工程师审批后实施。

3. 劳动组织

监测仪器埋设与施工期监测应选择有经验的技术人员任分项负责人，负责组织实施。在整个施工期间，工作人员应保持稳定。

4. 技术培训

仪器埋设前，应邀请专家和设计人员对操作人员进行技术培训和业务指导。

5. 仪器材料测试

仪器材料的选购与检验机物部应根据仪器材料供应计划，选择或按指定的专业厂家订货。

(1) 仪器材料到场后，应由负责部门及仪器埋设负责人组织专业人员对仪器逐个测试进行检验率定。率定合格后方可投入使用。同时应作好仪器材料分类、编号、记录归档。

(2) 对沉降仪、位移计的各个管路应检查其是否畅通，各埋设安装工具配备是否合格。对渗压计，测试初始频率，根据埋设位置计算所需电缆长度，进行电缆的硫化或热缩接长并记录接长后的各种数据，渗压计所配套的透水石应放在冷水中浸泡。

(3) 对混凝土面板上埋设的监测仪器。仪器进场后、应参照出厂的仪器检定表，对各种仪器逐个进行频率、温度或电阻、电阻比等数据的测试，根据仪器埋设的坐标，进行编号并计算所需电缆的长度，进行电缆硫化或热缩接长，并记录接长后的各种数据。

6. 预埋件零部件的加工制作

负责部门应根据监测仪器埋设进度，下达各种预埋件和零部件加工任务书，安排生产部门加工制作。

第三节　堆石坝体监测仪器埋设

一、堆石坝体监测仪器和监测设施

1. 坝体变形监测仪器

(1) 外部变形监测仪器。混凝土面板堆石坝的外部变形监测，按水准法与视准线法进行。一般采用高精度经纬仪和精密水准仪分别对坝体外部的水平位移和竖向位移进行监测。

(2) 内部变形监测仪器。坝体内部水平位移监测仪器主要有引张线式水平位移仪，图 7-1 为具有与引张线式水平位移计相同原理的长线水平位移仪示意图。

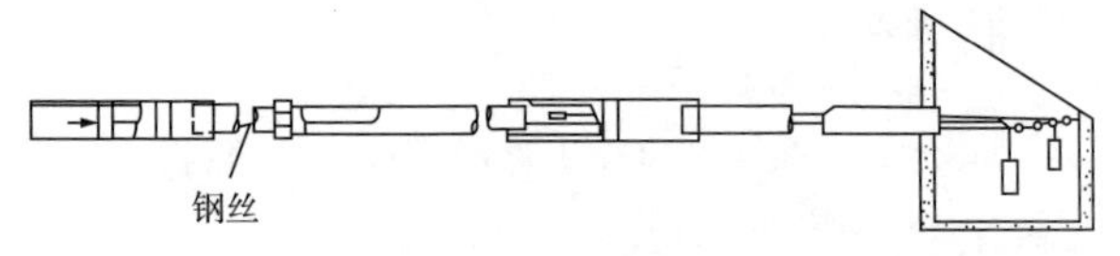

图 7-1　长线水平位移仪示意图

坝体内部垂直位移监测仪器主要有水管式沉降仪等。图 7-2 为水管式沉降仪示意图。

(3) 堆石压力监测仪器。坝体内部堆石压力的监测可采用大型的土压力计。

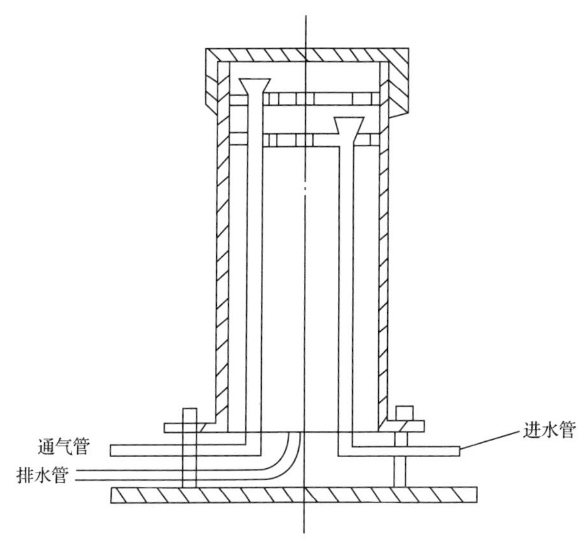

图 7-2　水管式沉降仪示意图

2. 坝体坝基渗流监测仪器和设施

一般采用渗压计监测坝基的渗透压力，渗压计的类型有振弦式渗压计和差动电阻式渗压计。在坝后设置量水堰对坝体坝基渗流量进行监测，图 7-3 为量水堰结构示意图。

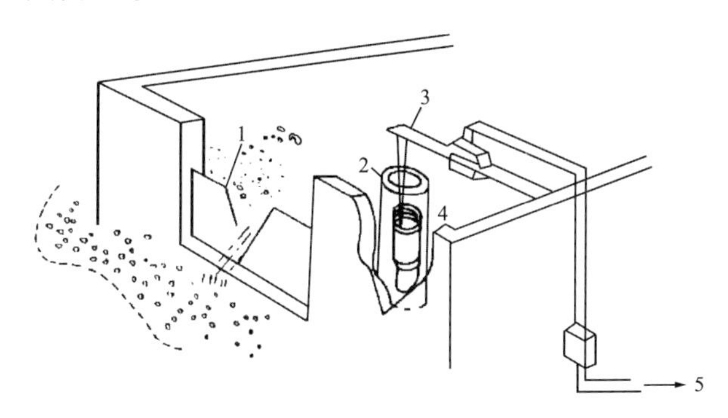

图 7-3　量水堰结构示意图

1—量水堰；2—圆柱体；3—悬臂梁；4—弦式应变计；5—至遥测站

二、堆石坝体监测仪器的布置

1. 监测仪器布置的影响因素

(1) 工程等级、规模与施工条件。施工条件主要指施工工期、施工布置、进度、技术工艺水平等。

(2) 混凝土面板堆石坝的特点。对混凝土面板堆石坝而言，无论是堆石体还是面板变形都至关重要；尤其是周边缝和堆石体上游区的变形极为关键，而在正常蓄水期，则渗流问题最为重要。

(3) 地形地质条件。例如坝址河谷的宽窄、陡缓，有无断层、破碎带、覆盖层情况，有无防渗墙等。

(4) 监测仪器的类型与性能。包括对检测仪器性能的选择，监测仪器的应用方式等。

监测变量之间的校核、验证在有条件时，应尽可能使相关监测变量之间能相互校核与验证，同时也要尽可能形成分布线、等值线。

2. 布置方法

(1) 监测断面的选择。监测断面一般按设计要求确定，通常选择垂直坝轴线的横断面为监测断面。一般中、低混凝土面板堆石坝可选择一个监测断面，高混凝土面板堆石坝或较重要、坝顶较长的混凝土面板堆石坝，可选择两个及两个以上的监测横断面，并确定其中之一为主监测断面。主监测断面应选择在最大坝高或最典型的断面，在此断面上，监测项目、测点、仪器较多，较齐全。

由于坝址河谷的弯曲地形，为了对最大坝高断面进行监测，一些工程布设了斜断面，即同坝轴线斜交的断面。如天生桥一级坝、乌鲁瓦提坝等。

(2) 监测高程。一般按坝高三分点、四分点等均匀布设，也可在坝体中下部相对集中布置。最低监测高程应尽可能低些。

(3) 监测点布置。一般情况下，监测点的布置可遵循均布原则。但对于堆石坝体的垂直沉降、水平位移以及周边缝的位移监测等，强调的是重点布置。例如沉降监测点可集中布置在坝的上游区。因此，除传统的分散布置方法外，集中布置的方法有时可以取得更好的效果。

某混凝土面板堆石坝主监测断面内部观测点布置示意图如图 7-4 所示。

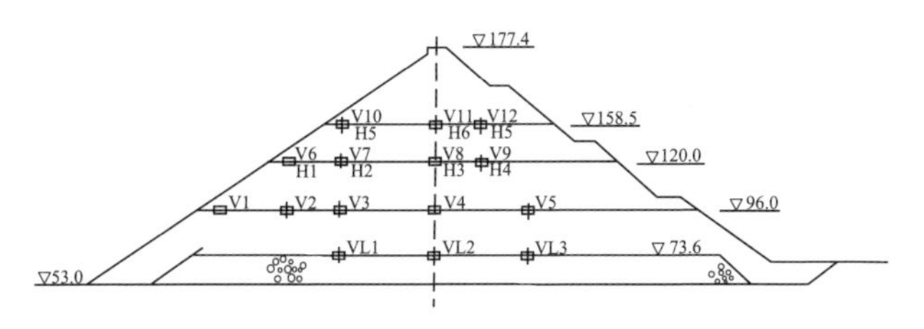

图 7-4　某混凝土面板堆石坝主监测断面内部观测点布置示意图

三、堆石坝体安全监测仪器埋设

1. 堆石体观测仪器埋设应符合的基本要求

在仪器埋设之前，除水管式沉降仪、引张线式水平位移计等目读式仪器可以不进行工地试验室的率定外，其他仪器必须进行全面的检验和率定。不合格者不得使用。埋设时，尽可能减少埋设效应以及对工程施工的干扰。对埋设的仪器设施必须采取有效的保护措施，防止机械及人为损坏。一旦造成损坏，应采取果断措施予以补救。

水管式沉降仪和引张线式水平位移计应采用挖沟法随坝体填筑进度进行埋设。水管式沉降仪管(线)路基床坡度宜为 0.5%～3%，其不平整度允许偏差为±5mm。引张线式水平位移计的引张钢丝及其保护管应保持良好的直线性与平整度。

孔隙水压计和压力盒测头、电缆的保护应采用 1.0m 厚的小粒径砂或砂砾薄层回填覆盖，并采用小型机具人工压实之后，方可恢复正常填筑。

2. 堆石体观测仪器埋设基本方式

堆石体监测仪器的埋设条件较差、要求较高。堆石坝坝体仪器埋设与土石坝类似，但埋设介质为大粒径的卵石或有棱角的堆石。堆石是一种散粒材料，粒径大且有棱角。为避免施工时损坏仪器，在仪器及其管线周围要制作保护体。保护体通常是通过填料的置换以制作反滤体的形式来实现的。因为保护体同时是以应力、应变等各种物理量传递的介质，因此，保护体的设置必须合理，以减少埋设效应。堆石坝内仪器的埋设分表面埋设、沟槽（坑）埋设和半沟槽埋设等方式，见表7-1。

表7-1　坝体仪器埋设方式

埋设方式	埋设特点
表面埋设	在已填筑并压实的堆石体表面按设计部位埋设仪器。此方法的优点是仪器的埋设效应较小，埋设场地开阔，便于施工；不足之处是对填筑面高程要求高，上面有覆盖时易损坏仪器
沟槽（坑）埋设	在已填筑并压实的堆石体层面上按设计部位开挖沟槽埋设仪器。此方法的优点是有利于仪器保护；不足处是往往需要较长的埋设工期，对施工影响较大也容易产生明显的埋设效应
半沟槽埋设	填筑至埋设高程时，在仪器条带部位将填筑工作面划开，在两侧填筑或一侧填筑，形成台阶式半沟槽。此方法既集中了表面埋设与沟槽埋设的优点，又克服了其存在的不足

各种埋设方式均应考虑面板堆石料的特性，以确保埋设后的仪器完好并有效地使用，为坝体安全运行提供监测资料。

3. 仪器埋设时应做好的工作

（1）基床施工。基床是支承监测仪器的基础，必须精心制作。其坚实性能应与周围介质材料相近。在堆石坝体中，水管式沉降仪的测头通常由一定高度的墩体支承。墩体可采用浇筑或砌筑的方式制作，顶面铺设5～10cm厚砂浆层。为满足排水要求，沉降仪管路基床通常具有0.5%～3%坡降（倾向坝后观测房）。为便于在同一测量板上安装测读玻璃管，可用浆砌石墩体架设高坡面上的测头，使其处于同等高度。

土压力计基床的制备可采用过渡层法或透镜体法。须细心制作施工，如采用重型土压力盒，由于仪器对基床要求较低，仅以细粒材料将坝面填平补齐即可，见图 7-5。

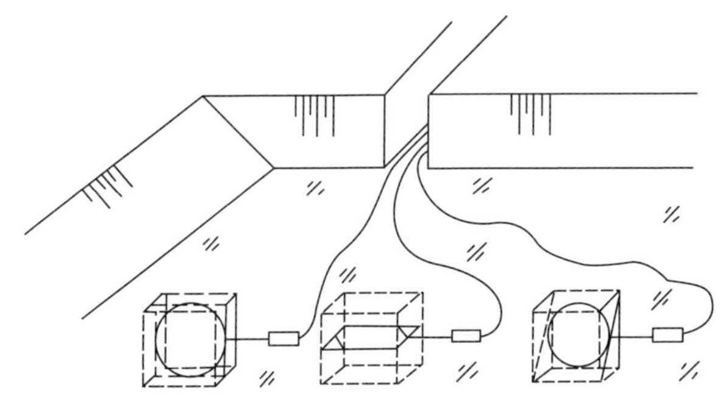

图 7-5 埋入式土压力计埋设示意图

(2) 保护体施工。保护体是确保监测仪器能正常工作的必要条件。关于保护体的厚度，总体上以施工机械通过或正常填筑碾压时不损坏仪器为原则。实际操作中，依施工机械、填筑材料和仪器类型的不同而有所不同。现行行业标准《土石坝安全监测技术规范》(SL 551—2012)规定：粗粒料厚度超过 1.8m，细粒料厚度超过 1.5m，方可进行正常碾压施工。有些工程采用了二至三级细料保护的方法，即把河砂、垫层料、过渡料铺筑在仪器上部，在电缆及沉降管路周围用三级细料保护，在钢管周围用二级细料保护。在管路上覆盖 1.0m 厚的坝料后，用振动碾静碾；铺层厚达到 1.5m 后进行正常碾压。在测头上覆盖 1.5m 厚的坝料后，用振动碾静碾；达到 2.0m 以上则进行正常碾压。对于保护体转换料采用薄层铺料，以小型设备压实。

(3) 电缆保护。电缆通常采用外套塑料管或钢管的方法保护。由于电缆穿管费工费时，而坝内仪器通常又是成层布置的，在同一层上，既有沉降仪，又有水平位移计、土压力计等，埋设时应统筹规划电缆的埋设和保护方法。

4. 水布垭混凝土面板堆石坝工程堆石监测各种仪器埋设方法介绍

(1) 水管式沉降仪、引张线水平位移计的埋设。

1）水管式沉降仪、水平位移计采用挖槽法埋设。具体施工方法是，在坝体填筑高程超过仪器埋设高程1～2m后。用反铲沿埋设轴线挖一沟槽，其宽度为铲宽度、槽底铺5～10cm的筛分砂以调整槽底高程，向下游坡度控制在0.8%～1%。

2）在测点处安放水管式沉降仪，应放置在坚实基础上，其进水管、出水管和通气管装入保护钢管中，沿沟槽引向坝后观测房，作充水试验，确定各管路都畅通后，浇筑细石混凝土将沉降仪覆盖保护。

3）引张线水平位移计的施工方法是将几组钢丝引向测点处，通过固定盘将钢丝端头固定在测点处的锚固板上，然后将锚固板插入测点处，浇筑细石混凝土将测点包住，并将各组钢丝通过钢管保护引至坝后观测房。

4）水管式沉降仪和水平位移计埋设定位后，在沟槽按设计要求铺设回填料，直至整个沟槽填平，用振动碾静压后，再进行上部整体堆石坝填筑施工，测点上必须覆盖2m厚的填筑料后，方可在其上部进行振动碾压。

（2）渗压计埋设。待过渡层回填碾压结束后沿埋设轴线挖30cm深的沟槽，在测点处埋设渗压计，引线放入挖好的沟槽内，引向下游观测房。沿测点和引线沟槽用筛分砂和垫层料埋设铺平，即可进行上部堆石体填筑，此处填筑高程超过1m后，方可在埋设仪器处进行振动碾压。

（3）基岩变位计的埋设。按施工图纸和技术要求，钻孔埋设基岩变位计。变位计传力杆在基岩段孔内采用水泥砂浆锚固，砂卵石段孔内采用黄土充填密实。孔口利用三角架、调节螺杆和钢垫板安装、保护好位移计，浇筑混凝土保护墩，引出观测电缆，并记录初始读数。

第四节　混凝土面板与接缝监测仪器埋设

一、监测仪器类型

混凝土面板变形监测常用的仪器及作用如下：

（1）倾斜计：用于监测混凝土面板顺坡向的挠度变形。

(2) 单向测缝计:用于监测混凝土面板的板间缝开合度。

(3) 二向测缝计:用于混凝土面板与垫层间的脱空监测,及混凝土面板分期施工缝和混凝土面板与防浪墙间施工缝的监测。

(4) 三向测缝计:用于监测周边缝的变形。我国使用的三向测缝计主要有三种:预装电位计式、单体钢丝牵引式和就地组装式,如图 7-6 所示。

(5) 三向应变计、二向应变计、无应力计:用于监测面板混凝土的应力应变。

(6) 钢筋计:用于监测面板中钢筋的应力。

(7) 温度计:用于监测混凝土面板的温度。

(8) 光纤光栅应变计:这是近年出现的新型监测仪器,主要用于监测混凝土面板的应变和裂缝。

(9) 渗压计:用于监测周边缝的渗漏。

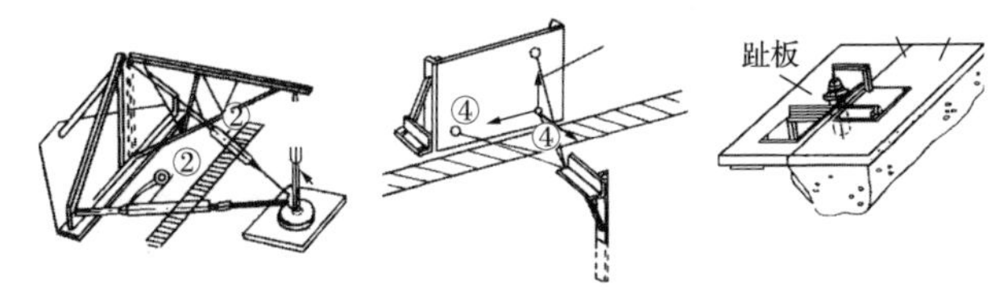

(a) 预装电位计式　(b) 单体钢丝牵引式　(c) 就地组装式

图 7-6　三向测缝计

二、监测仪器布置

混凝土面板变形监测仪器布置基本原则与坝体仪器布置基本相同,但有些监测项目在同一测点布置成组的仪器,例如应变计、测缝计、土压力计等。面板内的应变计,一般按水平向和顺坡向两个应变计为一组设。测缝计,主要指周边缝的测缝计,一般按张开、沉降、剪切三个方向布置,即三个仪器为一组。周边缝的某些部位,也可以仅设两向仪器组。土压力计,可布置二向、三向、四向甚至六向仪器组。

某工程外部观测测点布置示意图如图 7-7 所示。

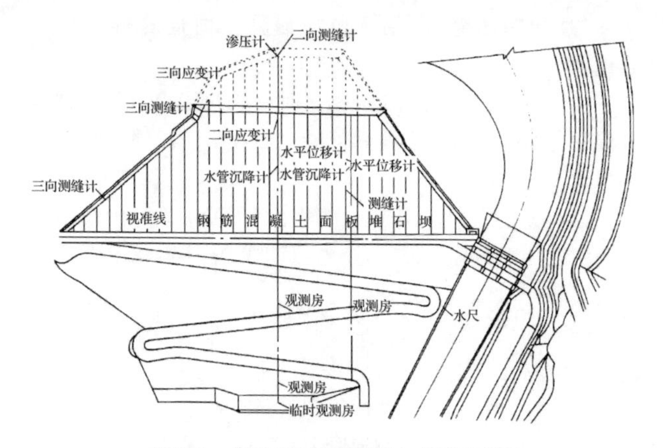

图 7-7　某工程外部观测测点布置示意图

三、监测仪器埋设

混凝土面板堆石坝监测仪器的埋设条件较差、要求较高。混凝土面板(趾板)仪器埋设与混凝土坝类似,但埋设场地窄小且位于陡坡或基坑低洼地带。

1. 混凝土面板观测仪器埋设应符合的要求

(1) 面板挠度监测采用的测斜仪和电平器传感器的正方向应保持一致。

(2) 面板测缝计应在面板浇筑 28d 后埋设。埋设前应按照施测方向拉压位移的设计要求,对测缝计测量范围进行预调。埋设测缝计时应严格按照设计要求控制其施测方向,各测缝计的剪切位移方向应保持一致。测缝计应及时用不锈钢罩妥当防护,如受防渗铺盖施工或冰凌影响,应按照专门设计进行保护。

(3) 面板混凝土应变计附近 0.5m 范围的混凝土应由专人负责浇筑,避免仪器损坏,无应力计筒内的混凝土,应与相应应变计处的混凝土相同。

2. 不同监测仪器的埋设方法

(1) 钻孔式渗压计埋设。钻孔式渗压计位于帷幕线上、下游,用于监测基岩的透水以及灌浆帷幕的阻渗效果与渗流态势。钻孔式渗压计的埋设除应选择钢弦式传感器、配圆锥体透水石以外，还应注意以下几点：

1）造孔须在相应部位的帷幕施工结束并确认邻近区域的帷幕施工不致串浆时进行；

2）布置在帷幕后、面板下的钻孔渗压计埋设，应在相应部位的面板施工前完成；

3）封孔与同孔中不同高程仪器间的封隔至关重要。特别是位于河床最低部位基坑的钻孔，往往孔中满水，有时甚至有水溢出，给分隔与封孔带来极大困难，可采用在透水段的中粗砂上再分别投放细砂、膨润土干土球，再灌注絮凝微膨胀水泥砂浆的方法。

（2）坑式渗压计的埋设。沿周边缝下游侧布置渗压计，可监测周边缝止水系统的阻渗效果，测量衰减后的水头。周边缝渗压计常采用坑式埋设，并布置在基岩表面。埋设方法：优选平头型传感器，在基岩表面挖较小的埋设坑。安置仪器后，用干净的中粗砂回填。可在坝料填筑前后，并于面板浇筑前埋设。

（3）混凝土面板表面监测仪器的埋设与安装。布置在面板表面的仪器，主要为测缝计、测斜仪导管和温度计。

1）单向测缝计的埋设。在设计位置，面板浇筑混凝土时应预埋套筒，把先浇侧模钻一套筒直径大的孔洞，套筒与仓内结构钢筋焊接，避免套筒位移。在后浇块上埋设测缝计时，取下套筒上的保护盖，将测缝计端头旋入套筒底座使仪器固定牢固。仪器电缆沿面板钢筋网用扎死绑扎固定。在浇筑面板混凝土时，应严格控制振捣器操作，避免损坏仪器，试验室应派专人看护，防止事故发生。

2）两向、三向测缝计的埋设。将加工后的两向、三向测缝计的各种零配件运往现场。钻机在埋设点的趾板上钻孔。孔径为110mm，孔深为80cm，孔位居周边缝60cm。钻孔后，分别进行两个或三个方向测缝计的埋设。测缝计外装保护钢管，用冲击钻在趾板和面板上钻孔，埋入膨胀栓将装有测缝计的保护钢管固定。钻孔内埋设的测缝针钢管外需灌注水泥浆锚固，完毕后外盖保护罩，电缆线从周边缝或垂直缝的柔性填料保护片下引向坝顶进入观测房。

3）测斜仪导管的安装。将测斜管顺坡固定在面板表面，并将其下端固定在趾板上。固定时须将两对相互垂直的导槽中的一对置于面板法向平面，使扭曲度满足要求；并能上下自由伸缩，以适应面板的变形；但在面板法线方向（即施测方向）须紧贴面板，与之同步工作而不得脱空；可采用预埋件与膨胀螺栓进行固定，并做好固定件的防锈蚀处理。必要时应隔段浇筑混凝土进行保护，防止损坏。

天生桥一级面板选用了电平器监测面板的挠曲变形。该仪器安装只须将各支仪器通过微型支架固定在面板表面，必要时加保护罩或浇筑混凝土墩加以保护，并将电缆从面板预留电缆槽中引向坝顶并封闭电缆槽，如图 7-8 所示。

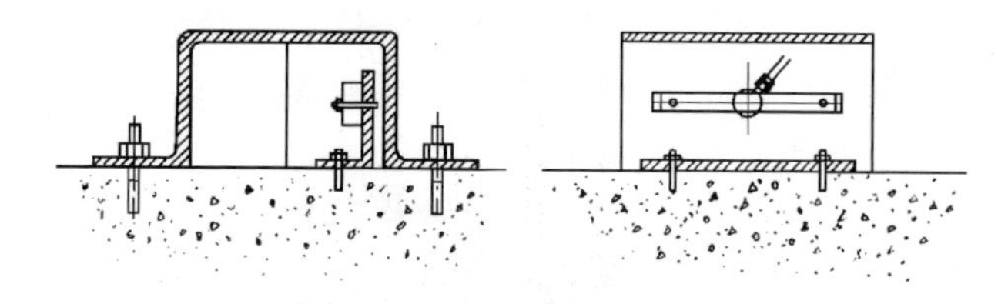

图 7-8　电平器安装示意图

4）温度计的安装。在埋设前将温度计装入一端封头、比仪器还长的镀锌小钢管中。然后灌入环氧树脂或沥青，以防生锈或被腐蚀，再将仪器固定，并埋设标记。

（4）混凝土面板内部监测仪器埋设。混凝土面板内部监测仪器包括应变计、无应力计和钢筋计。

1）应变计埋设。应变计通常埋设在混凝土面板的中性层（即板厚度的中间位置），并与面板的迎水面平行。在埋设多向应变计组前，为保持各应变计在混凝土面板中的位置和方向不变，首先将支座、支杆定位，并于埋设前进行应变计组的试安装。

图 7-9 为应变计支座、支杆示意图，图 7-10 为应变计组安装示意图。

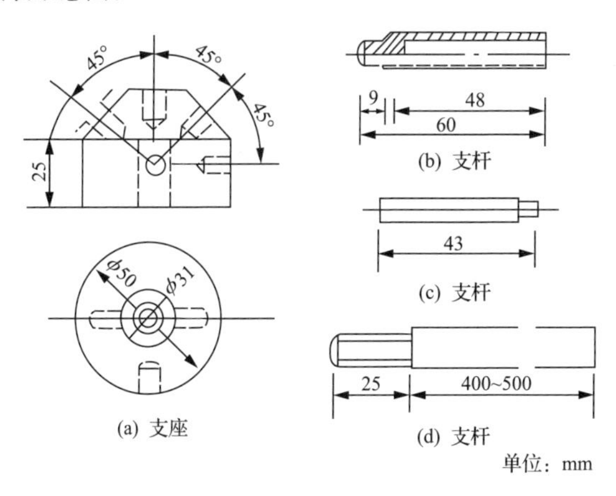

图 7-9　应变计支座、支杆示意图

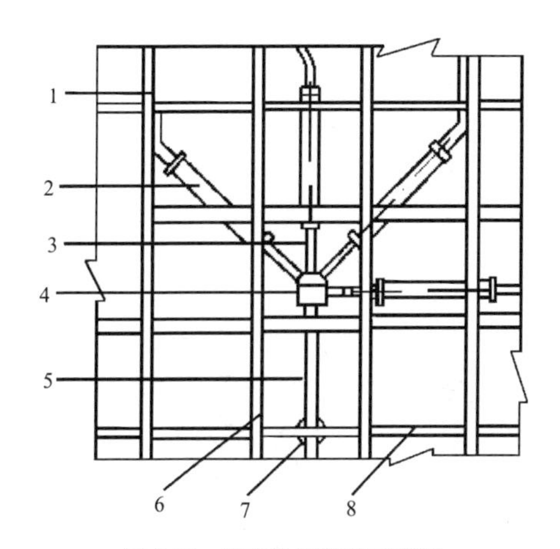

图 7-10　应变计组安装示意图

1—电缆；2—应变计；3—支杆；4—支座；5—拉筋；6—上层钢筋；7—插筋；8—下层钢筋

如埋设的是小应变计，且当钢筋网格间距大于应变计的长度时，可直接用铁丝以绞结的方式将其固定在钢筋网上，如图 7-11 所示。但浇筑混凝土时要避免振捣器碰到仪器附近的钢筋，应采用人工铺料、插捣混凝土。

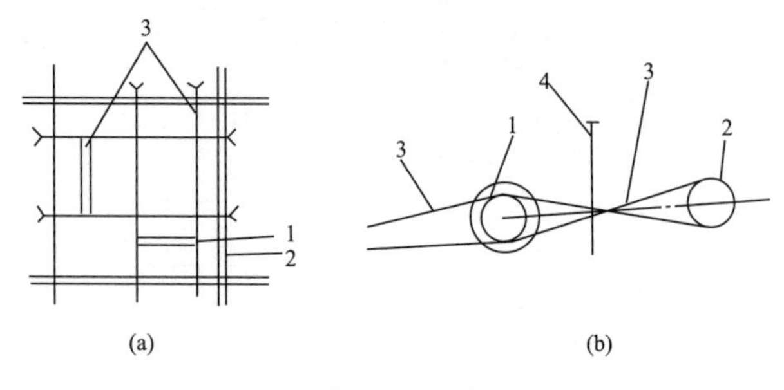

图 7-11　二向(小)应变计安装示意图

1—应变计；2—钢筋；3—铁丝；4—短钢筋

2) 无应力计埋设。混凝土面板无应力计的埋设分板外埋设与板内埋设两大类。当面板厚度小于 0.6m 时，采用板外埋设法。板外埋设可分为板上式和板下式。板上式(试块式)是指在埋设面板应变计的同时浇筑一个 60cm×40cm×40cm 的相同标号的混凝土墩，在墩中埋入一支作无应力计用的应变计，混凝土墩经养护、拆模后在四周涂以沥青，用钢支架固定在面板上。板下式是指在面板底部的垫层料中挖坑，在坑内利用无应力计筒埋设无应力计。无应力计的埋设方式如图 7-12 所示。

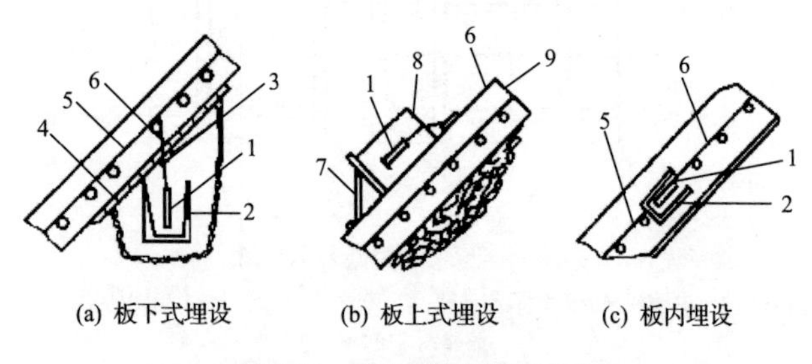

图 7-12　无应力计的埋设形式

1—应变计；2—无应力计筒；3—固定装置；4—盖板；5—钢筋；6—电缆；7—支架；8—混凝土墩；9—面板

除以上几种埋设形式外，还有一种方法就是以埋设垂直面板的小应变计代替无应力计，如图 7-13 所示。

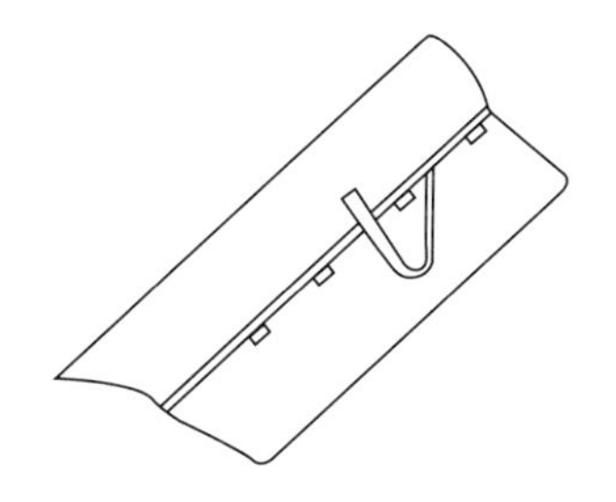

图 7-13 垂直面板的小应力计代替无应力计

3）钢筋计埋设。预先在钢筋计的两端焊接与面板结构筋直径相同的钢筋，其长度应大于 40D(D 为钢筋直径）。在设计所定的埋设点，将应监测的钢筋隔断，再与预先焊接在钢筋计两端的钢筋焊接，必要时也可在钢筋厂事先与结构筋对焊接好。焊接就位后，传感器感应部分应用隔离材料包裹后涂刷沥青保护。

（5）混凝土面板脱空观测仪器的埋设。混凝土面板脱空观测仪器宜优选精度高、反应灵敏、埋设较为简单的电位器式 TS 位移计。埋设脱空仪器，应在面板浇筑前进行。具体做法是：在面板钢筋网下垫层上挖一个约 1.5m 深的坑，用 4～5 根 2m 长的锚筋呈放射状打入垫层料中，上部交于一点并浇筑约 40cm 见方的混凝土墩，即作为位移计的支墩；用一与位移计等长的支架和两支位移计构成等边三角形，两支仪器的一端同安装在支墩铰座上，另一端分别与支架的两端铰接；调整好仪器的伸缩量程并将支架预固定在面板钢筋上；回填开挖料，并在面板浇筑时将支架浇于混凝土中，使其与面板同步工作。这种安装方式可观测到面板与垫层之间的脱空及“三角形”平面方向的剪切位移量。

（6）仪器电缆的牵引。面板内仪器的电缆都是沿钢筋引向坝顶。面板外仪器的电缆不应穿入面板，少量根数可在面板滑模过后嵌在表面，引向坝顶；多股时应另行处理，并尽量避免跨缝，不可避免时须做好跨缝处理。面板下部仪器的电缆沿垫层坡面引向坝顶。

面板区域的仪器电缆走向位置应有详细的测量记录，并在相应部位的面板表面做好明显标记，以防止日后如探测检查，由于裂缝处理等施工而损坏电缆。

第八章

施工质量控制与评定

第一节 质 量 控 制

一、地基开挖与处理质量控制

1. 坝基与岸坡质量检查

(1) 检查项目和要求。依据现行行业标准 SL49—2015，坝基和岸坡处理质量检查项目和技术要求见表 8-1。

表 8-1 坝基和岸坡处理质量检查项目和技术要求

项目	技术要求
地质钻孔、探坑、竖井、平洞	处理符合要求，无遗漏
河床部位	1. 草皮、树根、乱石、坟墓及各种建筑物等全部开挖清除；水井、泉眼、坑洞等的处理符合设计要求； 2. 按设计要求清除砂砾石覆盖层，或完成砂砾石层处理； 3. 岩基处理符合设计要求
岸坡部位	1. 开挖坡度和表面清理符合设计要求； 2. 开挖坡面稳定，无松动岩块、危石及孤石； 3. 凹坑、反坡已按设计要求处理； 4. 已按设计要求进行岸坡加固处理
趾板地基	1. 开挖断面尺寸、深度及底部标高符合设计要求，无欠挖； 2. 断层、裂隙、破碎带及软弱夹层已按设计要求处理； 3. 在浇筑混凝土范围内，渗水水源已处理，无积水、明流，岩面清洁； 4. 灌浆质量符合设计要求及有关规定

(2) 检查数量与方法。

1) 坝区地质钻孔、探坑、竖井、平洞应逐个进行检查。

2) 岸坡开挖清理按50～100m方格网进行检查，必要时可局部加密。

3) 坝基砂砾石层开挖清理按50～100m方格网进行检查，在每个角点取样测干密度和颗粒级配。对地质情况复杂的坝基，应加密布点。

4) 岩石开挖的检测点数，$200m^2$及以内不少于10个，$200m^2$以上每增加$20m^2$增加一点，局部凸凹部位面积在$0.5m^2$以上者应增加监测点。

2. 坝基与岸坡质量控制

按设计的不同部位、不同要求划分开挖和处理单元工程，以同一部位、同一设计要求的开挖区为一个单元工程，按单元工程进行质量验收与评定。

坝基开挖与处理的重点是控制趾板的开挖，应减少爆破开挖对基岩的影响，趾板基础开挖达到设计高程后，轮廓尺寸应符合设计要求。岩基面石渣清除干净并经整修，堆石体砂砾石基础经强夯平整、压实，取样合格后，由作业单位自检。

自检合格后通知测量队进行竣工地形测量，并绘制竣工平面图、断面图，同时用红油漆标出实际高程和设计边线，报质保部复检。

质保部复检合格，填写单元工程质量验收与评定表，通知地质人员进行地质素描并报监理工程师组织验收。

监理工程师组织有关单位检查验收。如发现不合格项，作业单位应及时处理，并报质保部复检和监理工程师验收。对开挖单元确认合格，参加验收各方人员签证后方可进行下道工序施工。

二、料场的质量控制

料场质量控制应按设计要求进行，应包括：在规定的料区范围开采，料场的草皮、树根、覆盖层等剥离层已清除干净；坝料开采、加工方法符合要求；坝料级配、含泥量、物理力学性质符合设计要求，不合格料不应上坝。

对料场质量控制，首先要从分析设计勘探资料着手，了解坝料储量和质量的勘探精度是否确切，范围是否有效，在石料开采之前，应在现场进行适量爆破，碾压试验、优选爆破方式和参数，试验提供的爆破方式和参数对施工要切实可行。在料场钻孔之前，要清除料场杂草、树木和表层泥土，并运至弃渣场。剥离覆盖层要彻底，要剥离到设计要求的厚度，若达不到设计要求，需重新设计重新确定剥离线。料场规划一经确定，必须执行，未经论证不得任意改变，爆破参数也要严格控制。但在开采过程中，要随时总结现场爆破经验，适当调整有关参数，以达到更好的爆破效果。爆破后，要对大坝料最大粒径的超径块石进行二次破碎。装料时应剔除超径块石。在利用料控制上，既要做到物尽其用，又要保证利用料的质量。主要是对利用料做好试验论证工作，对开挖的石渣要当成坝料进行开采和保护，要注意不同质量的石料不能随意堆放和任意混杂，要做到按设计要求、设计指定的部位用料。

用于主堆石区的硬岩堆石料压实后应具有自由排水性能、较高的抗剪强度和较低的压缩性。堆石料最大粒径不应超过压实层厚度，小于 5mm 颗粒含量不宜超过 20%，小于 0.075mm 颗粒含量不宜超过 5%。软岩堆石料压实后应具有较低的压缩性和一定的抗剪强度，可用于下游堆石区下游水位以上的干燥区。若用于主堆石区，应进行专门论证。砂砾石料压实后具有较高的抗剪强度和较低的压缩性，宜用于填筑主堆石区。下游堆石区在坝体底部下游水位以下部分，应采用能自由排水的、抗风化能力较强的石料填筑。150m 以下的坝，下游水位以上部分采用与主堆石区相同的材料时，可适当降低压实标准。

过渡料要求级配连续，最大粒径不宜超过 300mm，压实后应具有低压缩性和高抗剪强度，并具有自由排水性能。过渡区可采用专门开采的堆石料、经筛选加工的天然砂砾石料或洞挖石渣料等。

垫层料应具有连续级配，最大粒径为 80～100mm，粒径小于5mm的颗粒含量宜为35%～55%，小于0.075mm的颗粒含量宜为4%～8%。压实后应具有内部渗透稳定性、低压缩性、高抗剪强度，并具有良好的施工特性。垫层料可采用经筛选加工的砂砾石、人工砂石料或其掺配料。人工砂石料应采用坚硬和抗风化能力强的岩石加工。在严寒和寒冷地区或抽水蓄能电站，垫层料应满足排水性能。要求周边缝下游侧的特殊垫层区，宜采用最大粒径小于40mm且内部渗透稳定的细反滤料，薄层碾压密实，压实标准不低于垫层区，同时对缝顶粉细砂、粉煤灰等起到反滤作用。

混凝土面板上游铺盖区材料(1A)宜采用粉土、粉细砂、粉煤灰等低黏性料。上游盖重区(1B)可采用石渣料。下游护坡采用块石护坡时，宜选用抗风化能力强的硬岩堆石。坝体内排水体应选用耐风化和耐溶蚀的块石或砾石，并具有良好的排水能力。

三、堆石坝填筑质量控制

1. 质量检查的内容

坝体填筑质量检查内容包括：

(1) 检查上坝材料的质量，特别应注意垫层料和过渡料的质量，坝料检查的内容包括：岩性、超径石的含量、含泥量、级配等。

(2) 检查填筑施工工艺及碾压参数，重点控制铺料厚度、碾压遍数、振动行进速度与激振力、加水量等施工参数，保证填筑压实质量。铺料厚度应每层测量，其误差不宜超过层厚的10%。

采用挤压式边墙结构施工的重点是控制其混凝土的弹性模量、渗透系数、抗压强度等指标，混凝土超强率不应大于20%。

(3) 检查坝体各区的压实质量，尤其是接合部、边角部位等特殊部位的填筑质量。

(4) 检查坝体断面的形式、坡度、分区界面位置等是否符合设计要求。重点控制垫层料和过渡料的有效宽度，过渡料不应侵占垫层料位置，堆石料不应侵占过渡料位置。

2. 质量检验与控制方法

(1) 坝体填筑以控制碾压参数和挖坑取样检验的双控方法进行质量监测。控制参数应包括坝料质量、铺填、洒水、碾压等各个环节，检查结果及时反馈给有关施工管理人员，以便及时改进工艺，提高质量。

(2) 采用挖坑取样的方法测定坝体各区的压实质量时，所测的干密度、含泥量、渗透系数应符合设计技术要求。垫层料、过渡料还应满足级配曲线要求。依据现行行业标准SL 49—2015，坝体各区填筑料压实检测项目和取样次数见表8-2。按表8-2规定取样所测定的干密度，其平均值不小于设计值，标准差不宜大于0.05g/cm^3。当样本数小于20组时，应按合格率不小于90%，不合格点的干密度不低于设计干密度的95%控制。对试坑直径和深度，垫层料试坑直径不小于最大料径的4倍，试坑深度为碾压层厚；过渡料试坑直径为最大料径的3～4倍，试坑深度为碾压层厚；堆石料试坑直径为坝料最大料径的2～3倍，试坑直径最大不超过2m，试坑深度为碾压层厚。

表8-2　　坝料压实检测项目和取样次数

坝料		检测项目	取样次数
垫层料	坝面	干密度、颗粒级配	1次/(500～1000m^3)，每单元不少于3次
	上游坡面	干密度、颗粒级配	1次/(1000～2000m^3)
	小区	干密度、颗粒级配	每(1～3)层1次
过渡料		干密度、颗粒级配	1次/(1000～5000m^3)
砂砾料		干密度、相对密度、颗粒级配	1次/(1000～5000m^3)，每层测点不小于10点
堆石料		干密度、孔隙率、颗粒级配	1次/(5000～50000m^3)

注：渗透系数按设计要求进行检测。

(3) 坝体填筑压实质量检测，也可采用附加质量法等其他无损检测方法，以减少挖坑取样数量。其他无损检测方法应得到发包人、设计单位和监理工程师认可。

（4）对垫层料斜坡碾压质量应检查碾压遍数、行车速度等参数，并符合设计要求，检查压实密度、采用试坑灌砂法或注水法测试坑体积，取样检查颗粒级配与压实密度，次数按每 1500～3000m^3取一次。

（5）对垫层料坡面保护层质量检查，其材料配合比，按设计要求在试验室取样测定。面板浇筑前，进行坡面不平整度检查，按 3m×3m 网格测量控制，其保护层坡面与设计线偏差不宜超出＋5～－8cm 范围。

（6）挤压式边墙混凝土质量检测项目及技术要求见表 8-3，其混凝土拌和物称量偏差每班不少于 3 次，挤压边墙密度、抗压强度每 5～10 层取样 1 组，弹性模量、渗透系数每 5000～10000m^2取样 1 组，坡面平整度每 50m 连续检测 10 处。

表 8-3　挤压边墙混凝土质量检测项目及技术要求

项目	质量要求	检测方法
原材料	混凝土原材料品种和质量应符合相关标准和设计要求	参照现行行业标准《混凝土面板堆石坝施工规范》(DL/T 5128—2009)执行
混凝土拌和物称量偏差	砂石偏差±2%，水泥、水、外加剂偏差±1%	称量检查
挤压边墙密度	符合配合比设计密度要求	蜡封法
抗压强度	单组强度不大于设计强度 2MPa，最小样本统计超强率不大于 20%	依据现行行业标准《混凝土面板堆石坝挤压边墙技术规范》(DL/T 5297—2013)、《混凝土面板堆石坝挤压边墙混凝土试验规程》(DL/T 5422—2009)试验
弹性模量	符合设计要求	依据 DL/T 5297—2013、DL/T 5422—2009 试验
渗透系数	符合设计要求	依据 DL/T 5297—2013、DL/T 5422—2009 试验
坡面平整度	2m 范围平整度要求±25mm	用 2m 水平尺检测

3. 质量缺陷处理与纠正措施

(1) 上坝料含泥量超过设计要求时,应作弃渣处理。在料场装料时,严禁将不合格料装车运到坝面。

(2) 垫层料含水量偏大时,可放置一定时间后碾压,或经碾压后局部出现弹簧土现象时,应暂停碾压,待数小时后再碾压,必要时及时挖出重新补填。含水量低于最优含水量时应在存料场喷雾加水或在坝面摊铺中补充加水。制备料场还应做好排水系统,以防雨水浸泡和泥土浸入。

(3) 推土机铺料时,出现局部粗颗粒集中现象,应用反铲或推土机将其分散,并同时在其上铺填细颗粒石料,以改善石料级配。

(4) 坝体填筑中的少量大块石,采用破碎锤或夯锤将其击碎,不宜在坝面上放解炮。

(5) 对垫层料坡面修整后如不平整度大于设计技术要求,应进行局部修整。局部欠填时需用垫层料填补后碾压。垫层坡面修正后表层碎石集中,细粒少时,应在此部位用人工铺撒细粒后再碾压。

四、面板与趾板施工质量控制

1. 趾板的质量检查与控制

对趾板的质量应按有关标准、技术要求,对混凝土原材料、配合比、仓内混凝土取样、硬化后的混凝土质量及施工过程中各种主要工艺措施进行检测与控制。

对趾板仓面内的检查主要包括:

(1) 建基面。对于趾板和防渗板,必须在基础开挖验收合格后进行钢筋、模板等工序施工。开仓前建基面验收主要检查裂隙、软弱夹层是否按设计要求处理,松动岩块是否撬除,岩石表面是否冲洗干净,仓面有无碎渣、杂物。

(2) 施工缝。浇筑前必须对施工缝进行冲毛或打毛处理,缝面必须冲洗干净,无积水。

(3) 模板。模板安装必须符合设计图纸的外形尺寸,支撑牢固,有足够的强度、刚度和稳定性,模板表面光洁平整,接缝严密。

(4) 钢筋及锚筋。钢筋及锚筋的品种、规格、尺寸、数量、安装位置应符合设计图纸要求,钢筋的绑扎、焊接应符合设计要求。

(5) 止水及埋件。止水埋设位置、尺寸及材料品种符合设计要求,架立牢固,无破损或其他缺陷,检测仪器的埋设应符合设计要求。

对趾板混凝土浇筑质量主要以强度为主,并评定均质性指标。混凝土强度、抗渗、抗冻检查龄期均为28d。对趾板的浇筑,每浇筑1块或每50～100m^3至少有1组抗压强度试件,抗冻、抗渗检验试件每200～500m^3成型1组。

2. 面板的质量检查与控制

(1) 混凝土面板浇筑前的质量检查。

1) 滑动模板及配套机具的检查。滑动模板及其配套机具制作完成后,应对滑模的强度和刚度、稳定性和外形尺寸进行检查,模板表面要求平整、光洁、无杂物。滑动模板检测项目和允许偏差见表8-4,每块模板检测各项目进行检查,轨道至少每10m检查一次,每条轨道检查点数不少于8个。

表8-4　　滑动模板检测项目和允许偏差

项目	允许偏差/mm
外形尺寸	±5
对角线相对差	±3
扭曲	4
表面局部不平度	每米范围内不超过±2
滚轮或轨道间距	±10
轨道中心线	±10
高程	±5
接头处轨面错位	2

2) 混凝土原材料的检验。在材料进场后,质保部和技术部组织试验室对混凝土原材料进行控制与检验,其内容包括水泥的标号、凝结时间、安定性、稠度、细度、比重和水化热等,并对掺用外加剂的溶液浓度、拌和混凝土的水质、骨料的

含水量、含泥量、超逊径及砂的细度模数等进行控制、检查。当施工配合比确定后,不应改变水泥、外加剂、骨料等原材料的料源和品质。如需改变,应重新试验确定。

3）混凝土拌和物检验。混凝土拌和宜选用固定强制式拌和系统。在拌和生产车间,试验室每班必须至少检查两次拌和物的均匀性、坍落度和含气量。对混凝土的抗压强度和抗渗系数应进行抽样检查,面板混凝土每个仓次应取一组抗渗试件,取二组抗拉强度试件(一组取回试验养护,一组和面板同等条件养护),或按每 1000m^3 取一组抗压强度试件,每 1000m^3 还应取一组抗冻试件。试件都为 28d 龄期。

4）混凝土开仓前仓面内的止水设施检查。混凝土浇筑前,把此条块范围内周边缝止水保护罩拆除,进行严格检查,如有损害,应尽快修补,合格后按设计要求施工铜止水处的伸缩充填料。

5）坝体填筑在面板混凝土施工前应达到设计的预沉降期及月沉降率。按现行行业标准 SL 49—2015 规定,坝体填筑时应按设计要求预留一定超高。填筑完成至面板浇筑的坝体预沉降期宜为 3～6 个月,150m 以上高坝不宜少于 6 个月。对于沉降期的控制标准,宜按照面板顶部坝体沉降速率小于 5mm/月控制。

（2）混凝土面板浇筑过程中质量检查。整个混凝土浇筑过程必须进行班组自检、施工队复检、质保部终检三级检查制度,而后向工程监理提交终验表和终验报告。终验合格后,发包人、监理工程师、施工单位三方共同签发开仓证,施工管理部方可下达浇筑令。

面板混凝土浇筑质量检查项目和要求见表 8-5,质量检测项目及技术要求见表 8-6。面板混凝土的质量检查主要以强度为主,并评定均质性指标。混凝土强度、抗渗、抗冻检查龄期均为 28d。对面板的浇筑,每班每仓取 1 组强度检验试件,抗渗检验试件每 500～1000m^3 成型 1 组,抗冻检验试件每 1000～3000m^3 成型 1 组,不足以上数量时,也应取 1 组试件。

表 8-5　面板混凝土浇筑质量检查项目和要求

项目	质量要求	检测方法
平仓分层	厚度不大于 300mm，铺设均匀，分层清楚，无骨料集结现象	量测与观察检查
混凝土振捣	振捣器应垂直下插至下层 50mm，有次序，无漏振	观察检查
浇筑间隙时间	符合要求，无初凝现象	观察检查
积水和泌水	无外部水流入仓内，仓内泌水应及时排除	观察检查
混凝土	无不合格料进仓或虽有不合格料进仓，但能彻底处理	试验与观察检查
混凝土养护	在规定时间内，混凝土表面一直保持湿润，无时干时湿现象；有适当的保温措施	观察检查

表 8-6　面板混凝土浇筑质量检测项目及技术要求

项目	技术要求	检测方法
表面平整度	表面基本平整，局部凹凸不超过±20mm	2m 直尺检查
麻面	无	观察检查
蜂窝孔洞	无	观察检查
露筋	无	观察检查
表面裂缝	宽度大于 0.2mm 以上的裂缝均应处理	观察和量测检查
深层贯穿裂缝	无或已按要求处理	观察检查
抗压强度	符合设计要求	试验
均质性	按现行行业标准 SL 667—2014 执行	统计分析
抗冻性	符合设计要求	试验
抗渗性	符合设计要求	试验

(3) 混凝土浇筑后的质量检查。混凝土浇筑后应进行表面检查和内部检查。

混凝土养护应控制混凝土表面不间断湿润，并采取保温措施，养护时间不少于 90d。如有条件，蓄水前宜不间断养护。作业单位设专职人员检查混凝土面板养护工作，发现有遗漏之处及时处理。质检人员不定期检查保温材料表面和底部的温度，作好记录，特别是自然温度下降时，保温材料不要打开或破坏，不要出现漏盖处。定期进行混凝土表面裂缝检查，发现裂缝及时报告监理及相关单位，分析原因并制定处理方案。

对埋设在混凝土内部的各有关仪器，质保部和试验室定期进行混凝土内部检测，发现异常查明原因，采取处理措施。

五、接缝止水的质量检查与控制

1. 止水材料质量的检查

每批止水材料到货后应检查是否有生产厂家的性能检测报告、出厂合格证明。实验室应会同监理工程师进行取样，送至通过国家计量认证的单位检验，根据性能检验报告，确定材料质量是否合格。

2. 止水带加工成型和连接质量的检查

止水带加工成型、接头焊接后，不应有机械加工引起的裂纹、孔洞等损伤，以及漏焊、欠焊等缺陷。铜止水带焊接接头可用煤油做渗透试验，检验是否有漏点。确认符合质量要求后再予以安装，对加工缺陷或焊接质量不符合要求的部位用红油漆标出，指定焊工及时焊补，并记录备查。

3. 安装前后或浇筑过程中检查

止水带在安装前后或浇筑混凝土过程中，应指定专人专项检查和监督，以满足安装质量要求。止水带应安装准确、牢固，其平段及立腿应清理干净，经验收合格后才能开仓浇筑。依据现行行业标准 SL 49—2015，其制作安装允许偏差及连接质量检查项目见表 8-7、表 8-8。止水设施每 100m 至少检查 1 个点。

表 8-7　　止水带制作及安装允许偏差

项目		允许偏差/mm	
		铜止水带	PVC、橡胶止水带
制作(成型)偏差	宽度	±5	±5
	鼻子或立腿高度	±3	±5
	中心部分直径	—	±2

续表

项　目		允许偏差/mm	
		铜止水带	PVC、橡胶止水带
安装偏差	中心线与设计线偏差	±5	±10
	两侧平段倾斜偏差	±5	±10

表 8-8　　止水带连接质量检查项目和技术要求

项　目	技术要求
铜止水带	焊接表面光滑、无孔洞、无裂缝、不渗水； 对缝焊接为双层焊道焊接； 搭接焊接，搭接长度不小于 20mm； 接缝处的抗拉强度不应小于母材抗拉强度的 70%
PVC、橡胶止水带	PVC 止水带连接焊缝内应无气泡，黏结牢固；橡胶止水带硫化连接应牢固；接缝处的抗拉强度不应小于母材抗拉强度的 60%

4. 填料施工检查

依据现行行业标准 SL 49—2015 和《混凝土面板堆石坝接缝止水技术规范》(DL/T 5115—2016)的规定，塑性填料嵌填完成后，应以 30～50m 为一段，用模具检查其几何尺寸是否符合设计要求。塑性填料和防渗保护盖片的施工质量应满足表 8-9 的要求。无黏性填料施工完成后，应检查保护罩规格尺寸及其安装的牢固程度等内容，并满足表 8-10 的要求。

表 8-9　塑性填料和防渗保护盖片的施工质量检查项目和质量要求

项　目	质 量 要 求
接缝的混凝土表面	表面必须平整、密实，不应有露筋、蜂窝、麻面、起皮、起砂和松动等缺陷
预留槽涂刷黏结剂	混凝土表面必须清洁、干燥，黏结剂涂刷均匀、平整、不应漏涂、漏白，黏结剂必须与混凝土面黏结紧密。黏结剂涂刷后，应防止灰尘、杂物污染，黏结剂与塑性填料的施工间隔时间，应按照材料生产厂家的要求控制，如黏结剂失效，应返工处理

续表

项　目	质 量 要 求
塑性填料施工	填料应充满预留槽，嵌填密实，并满足设计要求断面尺寸，边缘允许偏差±10mm，填料施工应按规定工艺进行
防渗保护盖片施工	防渗保护盖片与混凝土面应黏结紧密，不应脱开。扁钢（或角钢）锚压牢固，盖片与面板之间应密封

表 8-10　无黏性填料的质量检查项目和技术要求

项　目	技 术 要 求	允许偏差/mm
保护罩规格	材质、材料规格、外形尺寸符合设计要求	位置误差≤30
保护罩安装	膨胀螺栓的规格、间距符合设计要求，安装牢固并与混凝土接触面黏结密封	螺栓孔距误差≤50
无黏性填料填筑	填料品种、粒径符合设计要求，填筑密实	螺栓孔深误差≤5

第二节　质　量　评　定

一、质量等级评定项目划分、检验程序及评定标准

1. 项目划分

水利水电工程质量检验与评定应进行项目划分。项目按级划分为单位工程、分部工程、单元（工序）工程等三级。

一般以每座独立的建筑物为一个单位工程。当工程规模大时，可将一个建筑物中具有独立施工条件的一部分划分为一个单位工程。

分部工程对大、中型建筑物按设计主要组成部分划分；除险加固工程，按加固内容或部位划分。

单元工程划分时，单元工程评定标准规定进行划分。

2. 工程质量检验工作程序

施工单位应按《单元工程评定标准》检验工序及单元工程质量，做好施工记录，在自检合格后，填写《水利水电工程施工质量评定表》报监理机构复核。监理机构根据抽检的资料核定单元（工序）工程质量等级。发现不合格单元（工序）工程，应按规程规范和设计要求及时进行处理，合格后才能进行后续工程施工。对施工中的质量缺陷应记录备案，进行统计分析，并在相应单元（工序）工程质量评定表“评定意见”栏内注明。单元（工序）工程质量检验可参考图 8-1 进行。

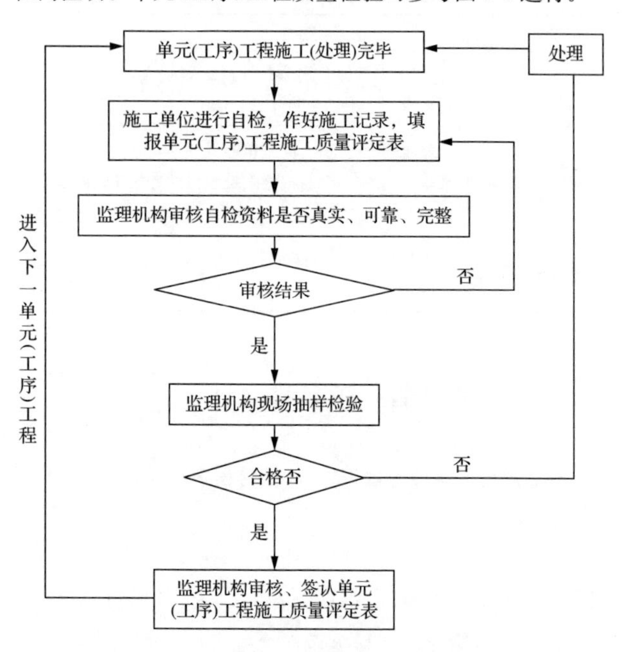

图 8-1　单元工程质量检验工作程序图

施工单位应及时将原材料、中间产品及单元（工序）工程质量检验结果送监理单位复核。并按月将施工质量情况送监理单位，由监理单位汇总分析后报项目法人和工程质量监督机构。

单位工程完工后，项目法人应组织监理、设计、施工及运行管理等单位组成工程外观质量评定组，现场进行工程外观质量检验评定。并将评定结论报工程质量监督机构核定。

3. 施工质量评定标准

(1) 合格标准。合格标准是工程验收标准。不合格工程必须按要求处理合格后，才能进行后续工程施工或验收。

单元(工序)工程施工质量合格标准应按照《单元工程评定标准》或合同约定的合格标准执行。

分部工程施工质量同时满足下列标准时，其质量评为合格：

1) 所含单元工程的质量全部合格。质量事故及质量缺陷已按要求处理，并经检验合格。

2) 原材料、中间产品及混凝土(砂浆)试件质量全部合格，金属结构及启闭机制造质量合格，机电产品质量合格。

单位工程施工质量同时满足下列标准时，其质量评为合格：

1) 所含分部工程质量全部合格。

2) 质量事故已按要求进行处理。

3) 工程外观质量得分率达到70%以上。

4) 单位工程施工质量检验与评定资料基本齐全。

5) 工程施工期及试运行期，单位工程观测资料分析结果符合国家和行业技术标准以及合同约定的标准要求。

工程项目施工质量同时满足下列标准时，其质量评为合格：

1) 单位工程质量全部合格。

2) 工程施工期及试运行期，各单位工程观测资料分析结果均符合国家和行业技术标准以及合同约定的标准要求。

(2) 优良标准。优良等级是为工程质量创优而设置。

单元工程施工质量优良标准按照《单元工程评定标准》或合同约定的优良标准执行。全部返工重做的单元工程，经检验达到优良标准者，可评为优良等级。

分部工程施工质量同时满足下列标准时，其质量评为优良：

1）所含单元工程质量全部合格，其中70%以上达到优良，重要隐蔽单元工程以及关键部位单元工程质量优良率达90%以上，且未发生过质量事故。

2）中间产品质量全部合格，混凝土（砂浆）试件质量达到优良（当试件组数小于30时，试件质量合格）。原材料质量、金属结构及启闭机制造质量合格，机电产品质量合格。

单位工程施工质量同时满足下列标准时，其质量评为优良：

1）所含分部工程质量全部合格，其中70%以上达到优良等级，主要分部工程质量全部优良，且施工中未发生过较大质量事故。

2）质量事故已按要求进行处理。

3）外观质量得分率达到85%以上。

4）单位工程施工质量检验与评定资料齐全。

5）工程施工期及试运行期，单位工程观测资料分析结果符合国家和行业技术标准以及合同约定的标准要求。

工程项目施工质量优良标准：

1）单位工程质量全部合格，其中70%以上单位工程质量优良等级，且主要单位工程质量全部优良。

2）工程施工期及试运行期，各单位工程观测资料分析结果符合国家和行业技术标准以及合同约定的标准要求。

二、地基开挖与处理质量等级评定

依据现行行业标准《水利水电工程单元工程施工质量验收评定标准　土石方工程》（SL 631—2012）和《水利水电工程单元工程施工质量验收评定标准　地基处理与基础工程》（SL 633—2012）的规定，地基开挖各工序及单元工程质量等级评定参见表8-11～表8-25。

表 8-11　　土方开挖单元工程施工质量验收评定表

<table>
<tr><td colspan="2">单位工程名称</td><td></td><td>单元工程量</td><td></td></tr>
<tr><td colspan="2">分部工程名称</td><td></td><td>施工单位</td><td></td></tr>
<tr><td colspan="2">单元工程名称、部位</td><td></td><td>施工日期</td><td>年　月　日—
年　月　日</td></tr>
<tr><td>项次</td><td colspan="2">工序名称</td><td colspan="2">工序质量验收评定等级</td></tr>
<tr><td>1</td><td colspan="2">表土及土质岸坡清理工序</td><td colspan="2"></td></tr>
<tr><td>2</td><td colspan="2">△软基或土质岸坡开挖工序</td><td colspan="2"></td></tr>
<tr><td>施工单位自评意见</td><td colspan="4">各工序施工质量全部合格，其中优良工序占____%，且主要工序达到____等级。
单元质量等级评定为：
（签字，加盖公章）
年　月　日</td></tr>
<tr><td>监理单位复核意见</td><td colspan="4">经抽查并查验相关检验报告和检验资料，各工序施工质量全部合格，其中优良工序占____%，且主要工序达到____等级。
单元工程质量等级评定为：
（签字，加盖公章）
年　月　日</td></tr>
</table>

注：1. 对重要隐蔽单元工程和关键部位单元工程的施工质量验收评定应有设计、建设等单位的代表签字，具体要求应满足现行行业标准《水利水电工程施工质量检验与评定规程》(SL 176—2007)的规定。

2. 本表所填“单元工程量”不作为施工单位工程量结算计量的依据。

表 8-12　　表土及土质岸坡清理工序施工质量验收评定表

单位工程名称			工序名称		
分部工程名称			施工单位		
单元工程名称、部位			施工日期	年　月　日— 年　月　日	

项次		检验项目	质量标准	检查(测)记录	合格数	合格率
主控项目	1	表土清理	树木、草皮、树根、乱石、坟墓以及各种建筑物全部清除；水井、泉眼、地道、坑窖等洞穴的处理符合设计要求			
	2	不良土质的处理	淤泥、腐殖质土、泥炭土全部清除；对风化岩石、坡积物、残积物、滑坡体、粉土、细砂等处理符合设计要求			
	3	地质坑、孔处理	构筑物基础区范围内的地质探孔、竖井、试坑的处理符合设计要求；回填材料质量满足设计要求			
一般项目	1	清理范围	满足设计要求。长、宽边线允许偏差：人工施工 0～50cm，机械施工 0～100cm			
	2	土质岸边坡度	不陡于设计边坡			

续表

施工单位自评意见	主控项目检验点100%合格，一般项目逐项检验点的合格率____%，且不合格点不集中分布。 工序质量等级评定为： （签字，加盖公章） 年 月 日
监理单位复核意见	经复核，主控项目检验点100%合格，一般项目逐项检验点的合格率____%，且不合格点不集中分布。 工序质量等级评定为： （签字，加盖公章） 年 月 日

表8-13　软基或土质岸坡开挖工序施工质量验收评定表

单位工程名称			工序名称		
分部工程名称			施工单位		
单元工程名称、部位			施工日期	年 月 日— 年 月 日	

项次		检验项目	质量标准	检查（测）记录	合格数	合格率
主控项目	1	保护层开挖	保护层开挖方式应符合设计要求，在接近建基面时，宜使用小型机具或人工挖除，不应扰动建基面以下的原地基			
主控项目	2	建基面处理	构筑物软基和土质岸坡开挖面平顺。软基和土质岸坡与土质构筑物接触时，采用斜面连接，无台阶、急剧变坡及反坡			

续表

项次		检验项目			质量标准	检查(测)记录	合格数	合格率
主控项目	3	渗水处理			构筑物基础区及土质岸坡渗水(含泉眼)妥善引排或封堵,建基面清洁无积水			
一般项目	1	基坑断面尺寸及开挖平整度	无结构要求或无配筋	长或宽不大于10m	符合设计要求,允许偏差为－10～20cm			
				长或宽大于10m	符合设计要求,允许偏差为－20～30cm			
				坑(槽)底部标高	符合设计要求,允许偏差为－10～20cm			
				垂直或斜面平整度	符合设计要求,允许偏差为20cm			
			有结构要求有配筋预埋件	长或宽不大于10m	符合设计要求,允许偏差为0～20cm			
				长或宽大于10m	符合设计要求,允许偏差为0～30cm			
				坑(槽)底部标高	符合设计要求,允许偏差为0～20cm			
				斜面平整度	符合设计要求,允许偏差为15cm			

续表

施工单位自评意见	主控项目检验点100%合格，一般项目逐项检验点的合格率____%，且不合格点不集中分布。 工序质量等级评定为： （签字，加盖公章） 年 月 日
监理单位复核意见	经复核，主控项目检验点100%合格，一般项目逐项检验点的合格率____%，且不合格点不集中分布。 工序质量等级评定为： （签字，加盖公章） 年 月 日

表8-14　　岩石岸坡开挖单元工程施工质量验收评定表

单位工程名称		单元工程量	
分部工程名称		施工单位	
单元工程名称、部位		施工日期	年 月 日— 年 月 日
项次	工序名称	工序质量验收评定等级	
1	△岩石岸坡开挖工序		
2	岩石岸坡开挖地质缺陷处理工序		
施工单位自评意见	各工序施工质量全部合格，其中优良工序占____%，且主要工序达到____等级。 单元质量等级评定为： （签字，加盖公章） 年 月 日		
监理单位复核意见	经抽查并查验相关检验报告和检验资料，各工序施工质量全部合格，其中优良工序占____%，且主要工序达到____等级。 单元工程质量等级评定为： （签字，加盖公章） 年 月 日		

注：1. 对重要隐蔽单元工程和关键部位单元工程的施工质量验收评定应有设计、建设等单位的代表签字，具体要求应满足SL 176—2007的规定。

2. 本表所填“单元工程量”不作为施工单位工程量结算计量的依据。

表 8-15　　岩石岸坡开挖工序施工质量验收评定表

<table>
<tr><td colspan="3">单位工程名称</td><td colspan="2"></td><td>工序名称</td><td colspan="2"></td></tr>
<tr><td colspan="3">分部工程名称</td><td colspan="2"></td><td>施工单位</td><td colspan="2"></td></tr>
<tr><td colspan="3">单元工程名称、部位</td><td colspan="2"></td><td>施工日期</td><td colspan="2">年　月　日—
年　月　日</td></tr>
<tr><td colspan="2">项次</td><td colspan="2">检验项目</td><td>质量标准</td><td>检查(测)记录</td><td>合格数</td><td>合格率</td></tr>
<tr><td rowspan="3">主控项目</td><td>1</td><td colspan="2">保护层开挖</td><td>浅孔、密孔、少药量、控制爆破</td><td></td><td></td><td></td></tr>
<tr><td>2</td><td colspan="2">开挖坡面</td><td>稳定且无松动岩块、悬挂体和尖角</td><td></td><td></td><td></td></tr>
<tr><td>3</td><td colspan="2">岩体的完整性</td><td>爆破未损害岩体的完整性,开挖面无明显爆破裂隙,声波降低率小于10%或满足设计要求</td><td></td><td></td><td></td></tr>
<tr><td rowspan="6">一般项目</td><td>1</td><td colspan="2">平整坡度</td><td>开挖坡面不陡于设计坡度,台阶(平台、马道)符合设计要求</td><td></td><td></td><td></td></tr>
<tr><td>2</td><td colspan="2">坡角标高</td><td>±20cm</td><td></td><td></td><td></td></tr>
<tr><td>3</td><td colspan="2">坡面局部超欠挖</td><td>允许偏差:欠挖不大于 20cm,超挖不大于 30cm</td><td></td><td></td><td></td></tr>
<tr><td rowspan="3">4</td><td rowspan="3">炮孔痕迹保存率</td><td>节理裂隙不发育的岩体</td><td>>80%</td><td></td><td></td><td></td></tr>
<tr><td>节理裂隙发育的岩体</td><td>>50%</td><td></td><td></td><td></td></tr>
<tr><td>节理裂隙极发育的岩体</td><td>>20%</td><td></td><td></td><td></td></tr>
</table>

续表

施工单位自评意见	主控项目检验点100%合格，一般项目逐项检验点的合格率____%，且不合格点不集中分布。 工序质量等级评定为： （签字，加盖公章） 年 月 日
监理单位复核意见	经复核，主控项目检验点100%合格，一般项目逐项检验点的合格率____%，且不合格点不集中分布。 工序质量等级评定为： （签字，加盖公章） 年 月 日

表8-16　岩石岸坡开挖地质缺陷处理工序施工质量验收评定表

单位工程名称			工序名称		
分部工程名称			施工单位		
单元工程名称、部位			施工日期	年 月 日—年 月 日	
项次		检验项目	质量标准	检查（测）记录	合格数	合格率
主控项目	1	地质探孔、竖井、平洞、试坑处理	符合设计要求			
	2	地质缺陷处理	节理、裂隙、断层、夹层或构造破碎带的处理符合设计要求			
	3	缺陷处理采用材料	材料质量满足设计要求			
	4	渗水处理	地基及岸坡的渗水（含泉眼）已引排或封堵，岩面整洁无积水			

续表

<table>
<tr><th colspan="2">项次</th><th>检验项目</th><th>质量标准</th><th>检查(测)记录</th><th>合格数</th><th>合格率</th></tr>
<tr><td>一般项目</td><td>1</td><td>地质缺陷处理范围</td><td>地质缺陷处理的宽度和深度符合设计要求。地基及岸坡岩石断层、破碎带的沟槽开挖边坡稳定,无反坡,无浮石,节理、裂隙内的充填物冲洗干净</td><td></td><td></td><td></td></tr>
<tr><td colspan="2">施工单位自评意见</td><td colspan="5">主控项目检验点100%合格,一般项目逐项检验点的合格率____%,且不合格点不集中分布。
工序质量等级评定为:
(签字,加盖公章)
年 月 日</td></tr>
<tr><td colspan="2">监理单位复核意见</td><td colspan="5">经复核,主控项目检验点100%合格,一般项目逐项检验点的合格率____%,且不合格点不集中分布。
工序质量等级评定为:
(签字,加盖公章)
年 月 日</td></tr>
</table>

表8-17 岩石地基开挖单元工程施工质量验收评定表

<table>
<tr><td colspan="2">单位工程名称</td><td></td><td>单元工程量</td><td></td></tr>
<tr><td colspan="2">分部工程名称</td><td></td><td>施工单位</td><td></td></tr>
<tr><td colspan="2">单元工程名称、部位</td><td></td><td>施工日期</td><td>年 月 日—
年 月 日</td></tr>
<tr><td>项次</td><td colspan="2">工序名称</td><td colspan="2">工序质量验收评定等级</td></tr>
<tr><td>1</td><td colspan="2">△岩石地基开挖工序</td><td colspan="2"></td></tr>
<tr><td>2</td><td colspan="2">岩石地基开挖地质缺陷处理工序</td><td colspan="2"></td></tr>
</table>

续表

施工单位自评意见	各工序施工质量全部合格，其中优良工序占___%，且主要工序达到___等级。 单元质量等级评定为： （签字，加盖公章） 年　月　日
监理单位复核意见	经抽查并查验相关检验报告和检验资料，各工序施工质量全部合格，其中优良工序占___%，且主要工序 达到___等级。 单元工程质量等级评定为： （签字，加盖公章） 年　月　日

注：1. 对重要隐蔽单元工程和关键部位单元工程的施工质量验收评定应有设计、建设等单位的代表签字，具体要求应满足 SL 176—2007 的规定。

2. 本表所填"单元工程量"不作为施工单位工程量结算计量的依据。

表 8-18　　岩石地基开挖工序施工质量验收评定表

单位工程名称			工序名称		
分部工程名称			施工单位		
单元工程名称、部位			施工日期	年　月　日— 年　月　日	
项次		检验项目	质量标准	检查（测）记录	合格数	合格率
主控项目	1	保护层开挖	浅孔、密孔、小药量、控制爆破			
	2	建基面处理	开挖后岩面应满足设计要求，建基面上无松动岩块，表面清洁、无泥垢、油污			
	3	多组切割的不稳定岩体开挖和不良地质开挖处理	满足设计处理要求			

续表

项次		检验项目		质量标准	检查(测)记录	合格数	合格率
主控项目	4	岩体的完整性		爆破未损害岩体的完整性，开挖面无明显爆破裂隙，声波降低率小于10%或满足设计要求			
一般项目	1	无结构要求或无配筋的基坑断面尺寸及开挖面平整度	长或宽不大于10m	符合设计要求，允许偏差为－10～20cm			
			长或宽大于10m	符合设计要求，允许偏差为－20～30cm			
			坑(槽)底部标高	符合设计要求，允许偏差为－10～20cm			
			垂直或斜面平整度	符合设计要求，允许偏差为20cm			
	2	有结构要求或有配筋预埋件的基坑断面尺寸及开挖面平整度	长或宽不大于10m	符合设计要求，允许偏差为0～10cm			
			长或宽大于10m	符合设计要求，允许偏差为0～20cm			
			坑(槽)底部标高	符合设计要求，允许偏差为0～20cm			
			垂直或斜面平整度	符合设计要求，允许偏差为15cm			

续表

施工单位自评意见	主控项目检验点100%合格，一般项目逐项检验点的合格率___%，且不合格点不集中分布。 工序质量等级评定为： （签字，加盖公章） 年　月　日
监理单位复核意见	经复核，主控项目检验点100%合格，一般项目逐项检验点的合格率___%，且不合格点不集中分布。 工序质量等级评定为： （签字，加盖公章） 年　月　日

表8-19　岩石地基开挖地质缺陷处理工序施工质量验收评定表

单位工程名称			工序名称		
分部工程名称			施工单位		
单元工程名称、部位			施工日期	年　月　日—年　月　日	

项次		检验项目	质量标准	检查（测）记录	合格数	合格率
主控项目	1	地质探孔、竖井、平洞、试坑处理	符合设计要求			
	2	地质缺陷处理	节理、裂隙、断层、夹层或构造破碎带的处理符合设计要求			
	3	缺陷处理采用材料	材料质量满足设计要求			
	4	渗水处理	地基及岸坡的渗水（含泉眼）已引排或封堵，岩面整洁无积水			

续表

<table>
<tr><th colspan="2">项次</th><th>检验项目</th><th>质量标准</th><th>检查(测)记录</th><th>合格数</th><th>合格率</th></tr>
<tr><td>一般项目</td><td>1</td><td>地质缺陷处理范围</td><td>地质缺陷处理的宽度和深度符合设计要求。地基及岸坡岩石断层、破碎带的沟槽开挖边坡稳定,无反坡,无浮石,节理、裂隙内的充填物冲洗干净</td><td></td><td></td><td></td></tr>
<tr><td colspan="2">施工单位自评意见</td><td colspan="5">主控项目检验点100%合格,一般项目逐项检验点的合格率____%,且不合格点不集中分布。
工序质量等级评定为:
(签字,加盖公章)
年 月 日</td></tr>
<tr><td colspan="2">监理单位复核意见</td><td colspan="5">经复核,主控项目检验点100%合格,一般项目逐项检验点的合格率____%,且不合格点不集中分布。
工序质量等级评定为:
(签字,加盖公章)
年 月 日</td></tr>
</table>

表8-20 岩石地基帷幕灌浆单孔及单元工程施工质量验收评定表

<table>
<tr><td colspan="2">单位工程名称</td><td colspan="4"></td><td colspan="2">单元工程量</td><td colspan="4"></td></tr>
<tr><td colspan="2">分部工程名称</td><td colspan="4"></td><td colspan="2">施工单位</td><td colspan="4"></td></tr>
<tr><td colspan="2">单元工程名称、部位</td><td colspan="4"></td><td colspan="2">施工日期</td><td colspan="4">年 月 日—
年 月 日</td></tr>
<tr><td colspan="2">孔号</td><td>1</td><td>2</td><td>3</td><td>4</td><td>5</td><td>6</td><td>7</td><td>8</td><td>9</td><td>…</td></tr>
<tr><td rowspan="2">工序质量评定结果</td><td>1. 钻孔</td><td></td><td></td><td></td><td></td><td></td><td></td><td></td><td></td><td></td><td></td></tr>
<tr><td>2. △灌浆</td><td></td><td></td><td></td><td></td><td></td><td></td><td></td><td></td><td></td><td></td></tr>
</table>

续表

<table>
<tr><td colspan="2">孔号</td><td>1</td><td>2</td><td>3</td><td>4</td><td>5</td><td>6</td><td>7</td><td>8</td><td>9</td><td>…</td></tr>
<tr><td>工序质量评定结果</td><td>其中：灌浆工序质量等级为优良</td><td></td><td></td><td></td><td></td><td></td><td></td><td></td><td></td><td></td><td></td></tr>
<tr><td rowspan="2">单孔质量验收评定</td><td>施工单位自评意见</td><td></td><td></td><td></td><td></td><td></td><td></td><td></td><td></td><td></td><td></td></tr>
<tr><td>监理单位评定意见</td><td></td><td></td><td></td><td></td><td></td><td></td><td></td><td></td><td></td><td></td></tr>
<tr><td colspan="12">本单元工程内共有____孔（桩、槽），其中优良____孔（桩、槽），优良率____%</td></tr>
<tr><td colspan="2" rowspan="3">单元工程效果（或实体质量）检查</td><td>1</td><td colspan="9"></td></tr>
<tr><td>2</td><td colspan="9"></td></tr>
<tr><td>3</td><td colspan="9"></td></tr>
<tr><td>施工单位自评意见</td><td colspan="11">单元工程效果（或实体质量）检查符合____要求，____孔（桩、槽）100%合格，其中优良孔占____%。
单元工程质量等级评定为：
（签字，加盖公章）
年　月　日</td></tr>
<tr><td>监理单位复核评定意见</td><td colspan="11">经进行单元工程效果（或实体质量）检查，符合____要求，____孔（桩、槽）100%合格，其中优良孔占____%。
单元工程质量等级评定为：
（签字，加盖公章）
年　月　日</td></tr>
</table>

注：对关键部位单元工程和重要隐蔽单元工程的施工质量验收评定应有设计、建设等单位的代表签字，具体要求应满足现行行业标准 SL176—2007 规定。

表 8-21　岩石地基帷幕灌浆单孔钻孔工序施工质量验收评定表

<table>
<tr><td colspan="2">单位工程名称</td><td colspan="2"></td><td>孔号及工序名称</td><td colspan="2"></td></tr>
<tr><td colspan="2">分部工程名称</td><td colspan="2"></td><td>施工单位</td><td colspan="2"></td></tr>
<tr><td colspan="2">单元工程名称、部位</td><td colspan="2"></td><td>施工日期</td><td colspan="2">年　月　日—
年　月　日</td></tr>
<tr><td colspan="2">项次</td><td>检验项目</td><td>质量要求</td><td>检查(测)记录</td><td>合格数</td><td>合格率</td></tr>
<tr><td rowspan="4">主控项目</td><td>1</td><td>孔深</td><td>不小于设计孔深</td><td></td><td></td><td></td></tr>
<tr><td>2</td><td>孔底偏差</td><td>符合设计要求</td><td></td><td></td><td></td></tr>
<tr><td>3</td><td>孔序</td><td>符合设计要求</td><td></td><td></td><td></td></tr>
<tr><td>4</td><td>施工记录</td><td>齐全、准确、清晰</td><td></td><td></td><td></td></tr>
<tr><td rowspan="4">一般项目</td><td>1</td><td>孔位偏差</td><td>≤100mm</td><td></td><td></td><td></td></tr>
<tr><td>2</td><td>终孔孔径</td><td>≥ϕ46mm</td><td></td><td></td><td></td></tr>
<tr><td>3</td><td>冲洗</td><td>沉积厚度小于200mm</td><td></td><td></td><td></td></tr>
<tr><td>4</td><td>裂隙冲洗和压水试验</td><td>符合设计要求</td><td></td><td></td><td></td></tr>
<tr><td colspan="2">施工单位自评意见</td><td colspan="5">主控项目检验点100%合格，一般项目逐项检验点的合格率不低于____%，且不合格点不集中分布。
工序质量等级评定为：
（签字，加盖公章）
年　月　日</td></tr>
<tr><td colspan="2">监理单位复核评定意见</td><td colspan="5">经复核，主控项目检验点100%合格，一般项目逐项检验点的合格率不低于____%，且不合格点不集中分布。
工序质量等级评定为：
（签字，加盖公章）
年　月　日</td></tr>
</table>

表 8-22 岩石地基帷幕灌浆单孔灌浆工序施工质量验收评定表

<table>
<tr><td colspan="2">单位工程名称</td><td colspan="2"></td><td colspan="1">孔号及工序名称</td><td colspan="2"></td></tr>
<tr><td colspan="2">分部工程名称</td><td colspan="2"></td><td>施工单位</td><td colspan="2"></td></tr>
<tr><td colspan="2">单元工程名称、部位</td><td colspan="2"></td><td>施工日期</td><td colspan="2">年 月 日—
年 月 日</td></tr>
<tr><td colspan="2">项次</td><td>检验项目</td><td>质量要求</td><td>检查(测)记录</td><td>合格数</td><td>合格率</td></tr>
<tr><td rowspan="4">主控项目</td><td>1</td><td>压力</td><td>符合设计要求</td><td></td><td></td><td></td></tr>
<tr><td>2</td><td>浆液及变换</td><td>符合设计要求</td><td></td><td></td><td></td></tr>
<tr><td>3</td><td>结束标准</td><td>符合设计要求</td><td></td><td></td><td></td></tr>
<tr><td>4</td><td>施工记录</td><td>齐全、准确、清晰</td><td></td><td></td><td></td></tr>
<tr><td rowspan="5">一般项目</td><td>1</td><td>灌浆段位置及段长</td><td>符合设计要求</td><td></td><td></td><td></td></tr>
<tr><td>2</td><td>灌浆管口距灌浆段底距离(仅用于循环式灌浆)</td><td>≤0.5m</td><td></td><td></td><td></td></tr>
<tr><td>3</td><td>特殊情况处理</td><td>处理后不影响质量</td><td></td><td></td><td></td></tr>
<tr><td>4</td><td>抬动观测值</td><td>符合设计要求</td><td></td><td></td><td></td></tr>
<tr><td>5</td><td>封孔</td><td>符合设计要求</td><td></td><td></td><td></td></tr>
<tr><td colspan="2">施工单位自评意见</td><td colspan="5">主控项目检验点100%合格,一般项目逐项检验点的合格率不低于____%,且不合格点不集中分布。
工序质量等级评定为:
(签字,加盖公章)
年 月 日</td></tr>
<tr><td colspan="2">监理单位复核评定意见</td><td colspan="5">经复核,主控项目检验点100%合格,一般项目逐项检验点的合格率不低于____%,且不合格点不集中分布。
工序质量等级评定为:
(签字,加盖公章)
年 月 日</td></tr>
</table>

表 8-23 岩石地基固结灌浆单孔及单元工程施工质量验收评定表

<table>
<tr><td colspan="2">单位工程名称</td><td colspan="4"></td><td colspan="2">单元工程量</td><td colspan="4"></td></tr>
<tr><td colspan="2">分部工程名称</td><td colspan="4"></td><td colspan="2">施工单位</td><td colspan="4"></td></tr>
<tr><td colspan="2">单元工程名称、部位</td><td colspan="4"></td><td colspan="2">施工日期</td><td colspan="4">年 月 日—
年 月 日</td></tr>
<tr><td colspan="2">孔号</td><td>1</td><td>2</td><td>3</td><td>4</td><td>5</td><td>6</td><td>7</td><td>8</td><td>9</td><td>…</td></tr>
<tr><td rowspan="3">工序质量评定结果</td><td>1. 钻孔</td><td></td><td></td><td></td><td></td><td></td><td></td><td></td><td></td><td></td><td></td></tr>
<tr><td>2. △灌浆</td><td></td><td></td><td></td><td></td><td></td><td></td><td></td><td></td><td></td><td></td></tr>
<tr><td>其中：灌浆工序质量等级为优良</td><td></td><td></td><td></td><td></td><td></td><td></td><td></td><td></td><td></td><td></td></tr>
<tr><td rowspan="2">单孔（桩、槽）质量验收评定</td><td>施工单位自评意见</td><td></td><td></td><td></td><td></td><td></td><td></td><td></td><td></td><td></td><td></td></tr>
<tr><td>监理单位评定意见</td><td></td><td></td><td></td><td></td><td></td><td></td><td></td><td></td><td></td><td></td></tr>
<tr><td colspan="12">本单元工程内共有____孔（桩、槽），其中优良____孔（桩、槽），优良率____%</td></tr>
<tr><td colspan="2" rowspan="3">单元工程效果（或实体质量）检查</td><td>1</td><td colspan="9"></td></tr>
<tr><td>2</td><td colspan="9"></td></tr>
<tr><td>3</td><td colspan="9"></td></tr>
<tr><td>施工单位自评意见</td><td colspan="11">单元工程效果（或实体质量）检查符合____要求，____孔（桩、槽）100%合格，其中优良孔占____%。
单元工程质量等级评定为：
（签字，加盖公章）
年 月 日</td></tr>
<tr><td>监理单位复核评定意见</td><td colspan="11">经进行单元工程效果（或实体质量）检查，符合____要求，____孔（桩、槽）100%合格，其中优良孔占____%。
单元工程质量等级评定为：
（签字，加盖公章）
年 月 日</td></tr>
</table>

注：对关键部位单元工程和重要隐蔽单元工程的施工质量验收评定应有设计、建设等单位的代表签字，具体要求应满足现行行业标准 SL176—2007 规定。

表 8-24 岩石地基固结灌浆单孔钻孔工序施工质量验收评定表

<table>
<tr><td colspan="2">单位工程名称</td><td colspan="2"></td><td>孔号及工序名称</td><td colspan="2"></td></tr>
<tr><td colspan="2">分部工程名称</td><td colspan="2"></td><td>施工单位</td><td colspan="2"></td></tr>
<tr><td colspan="2">单元工程名称、部位</td><td colspan="2"></td><td>施工日期</td><td colspan="2">年 月 日—
年 月 日</td></tr>
<tr><td colspan="2">项次</td><td>检验项目</td><td>质量要求</td><td>检查(测)记录</td><td>合格数</td><td>合格率</td></tr>
<tr><td rowspan="3">主控项目</td><td>1</td><td>孔深</td><td>不小于设计孔深</td><td></td><td></td><td></td></tr>
<tr><td>2</td><td>孔序</td><td>符合设计要求</td><td></td><td></td><td></td></tr>
<tr><td>3</td><td>施工记录</td><td>齐全、准确、清晰</td><td></td><td></td><td></td></tr>
<tr><td rowspan="4">一般项目</td><td>1</td><td>终孔孔径</td><td>符合设计要求</td><td></td><td></td><td></td></tr>
<tr><td>2</td><td>孔位偏差</td><td>符合设计要求</td><td></td><td></td><td></td></tr>
<tr><td>3</td><td>钻孔冲洗</td><td>沉积厚度小于200mm</td><td></td><td></td><td></td></tr>
<tr><td>4</td><td>裂隙冲洗和压水试验</td><td>回水变清或符合设计要求</td><td></td><td></td><td></td></tr>
<tr><td colspan="2">施工单位自评意见</td><td colspan="5">主控项目检验点100%合格，一般项目逐项检验点的合格率不低于____%，且不合格点不集中分布。
工序质量等级评定为：
(签字，加盖公章)
年 月 日</td></tr>
<tr><td colspan="2">监理单位复核评定意见</td><td colspan="5">经复核，主控项目检验点100%合格，一般项目逐项检验点的合格率不低于____%，且不合格点不集中分布。
工序质量等级评定为：
(签字，加盖公章)
年 月 日</td></tr>
</table>

表 8-25　岩石地基固结灌浆单孔灌浆工序施工质量验收评定表

<table>
<tr><td colspan="2">单位工程名称</td><td colspan="2"></td><td>孔号及工序名称</td><td colspan="2"></td></tr>
<tr><td colspan="2">分部工程名称</td><td colspan="2"></td><td>施工单位</td><td colspan="2"></td></tr>
<tr><td colspan="2">单元工程名称、部位</td><td colspan="2"></td><td>施工日期</td><td colspan="2">年　月　日—
年　月　日</td></tr>
<tr><td colspan="2">项次</td><td>检验项目</td><td>质量要求</td><td>检查(测)记录</td><td>合格数</td><td>合格率</td></tr>
<tr><td rowspan="5">主控项目</td><td>1</td><td>压力</td><td>符合设计要求</td><td></td><td></td><td></td></tr>
<tr><td>2</td><td>浆液及变换</td><td>符合设计要求</td><td></td><td></td><td></td></tr>
<tr><td>3</td><td>结束标准</td><td>符合设计要求</td><td></td><td></td><td></td></tr>
<tr><td>4</td><td>抬动观测值</td><td>符合设计要求</td><td></td><td></td><td></td></tr>
<tr><td>5</td><td>施工记录</td><td>齐全、准确、清晰</td><td></td><td></td><td></td></tr>
<tr><td rowspan="2">一般项目</td><td>1</td><td>特殊情况处理</td><td>处理后符合设计要求</td><td></td><td></td><td></td></tr>
<tr><td>2</td><td>封孔</td><td>符合设计要求</td><td></td><td></td><td></td></tr>
<tr><td colspan="2">施工单位自评意见</td><td colspan="5">主控项目检验点100%合格，一般项目逐项检验点的合格率不低于____%，且不合格点不集中分布。
工序质量等级评定为：
(签字，加盖公章)
年　月　日</td></tr>
<tr><td colspan="2">监理单位复核评定意见</td><td colspan="5">经复核，主控项目检验点100%合格，一般项目逐项检验点的合格率不低于____%，且不合格点不集中分布。
工序质量等级评定为：
(签字，加盖公章)
年　月　日</td></tr>
</table>

三、堆石坝填筑质量等级评定

依据现行行业标准 SL 631—2012 的规定，堆石坝填筑单元工程及各工序质量验收评定表见表 8-26～表 8-34。

表 8-26　　堆石料填筑单元工程施工质量验收评定表

<table>
<tr><td colspan="2">单位工程名称</td><td></td><td>单元工程量</td><td></td></tr>
<tr><td colspan="2">分部工程名称</td><td></td><td>施工单位</td><td></td></tr>
<tr><td colspan="2">单元工程名称、部位</td><td></td><td>施工日期</td><td>年　月　日—
年　月　日</td></tr>
<tr><td>项次</td><td colspan="2">工序名称</td><td colspan="2">工序质量验收评定等级</td></tr>
<tr><td>1</td><td colspan="2">堆石料铺填工序</td><td colspan="2"></td></tr>
<tr><td>2</td><td colspan="2">△堆石料压实工序</td><td colspan="2"></td></tr>
<tr><td>施工单位自评意见</td><td colspan="4">各工序施工质量全部合格，其中优良工序占____%，且主要工序达到____等级。
单元质量等级评定为：
（签字，加盖公章）
年　月　日</td></tr>
<tr><td>监理单位复核意见</td><td colspan="4">经抽查并查验相关检验报告和检验资料，各工序施工质量全部合格，其中优良工序占____%，且主要工序达到____等级。
单元工程质量等级评定为：
（签字，加盖公章）
年　月　日</td></tr>
</table>

注：1. 对重要隐蔽单元工程和关键部位单元工程的施工质量验收评定应有设计、建设等单位的代表签字，具体要求应满足现行行业标准 SL 176—2007 的规定。

2. 本表所填“单元工程量”不作为施工单位工程量结算计量的依据。

表 8-27　　　　堆石料铺填工序施工质量验收评定表

<table>
<tr><td colspan="2">单位工程名称</td><td colspan="2"></td><td>工序名称</td><td colspan="2"></td></tr>
<tr><td colspan="2">分部工程名称</td><td colspan="2"></td><td>施工单位</td><td colspan="2"></td></tr>
<tr><td colspan="2">单元工程名称、部位</td><td colspan="2"></td><td>施工日期</td><td colspan="2">年　月　日—
年　月　日</td></tr>
<tr><td colspan="2">项次</td><td>检验项目</td><td>质量标准</td><td>检查(测)记录</td><td>合格数</td><td>合格率</td></tr>
<tr><td rowspan="2">主控项目</td><td>1</td><td>铺料厚度</td><td>铺料厚度应符合设计要求，允许偏差为铺料厚度的－10%～0%，且每一层应有90%的测点达到规定的铺料厚度</td><td></td><td></td><td></td></tr>
<tr><td>2</td><td>接合部铺填</td><td>堆石料纵横向结合部位宜采用台阶收坡法，台阶宽度应符合设计要求，结合部位的石料无分离、架空现象</td><td></td><td></td><td></td></tr>
<tr><td>一般项目</td><td>1</td><td>铺填层面外观</td><td>外观平整，分区均衡上升，大粒径料无集中现象</td><td></td><td></td><td></td></tr>
<tr><td colspan="2">施工单位自评意见</td><td colspan="5">主控项目检验点 100%合格，一般项目逐项检验点的合格率____%，且不合格点不集中分布。
工序质量等级评定为：
(签字，加盖公章)
年　月　日</td></tr>
<tr><td colspan="2">监理单位复核意见</td><td colspan="5">经复核，主控项目检验点 100%合格，一般项目逐项检验点的合格率____%，且不合格点不集中分布。
工序质量等级评定为：
(签字，加盖公章)
年　月　日</td></tr>
</table>

表 8-28　　　　堆石料压实工序施工质量验收评定表

<table>
<tr><td colspan="3">单位工程名称</td><td colspan="3"></td><td>工序名称</td><td colspan="2"></td></tr>
<tr><td colspan="3">分部工程名称</td><td colspan="3"></td><td>施工单位</td><td colspan="2"></td></tr>
<tr><td colspan="3">单元工程名称、部位</td><td colspan="3"></td><td>施工日期</td><td colspan="2">年　月　日—
年　月　日</td></tr>
<tr><td colspan="2">项次</td><td colspan="3">检验项目</td><td>质量标准</td><td>检查(测)记录</td><td>合格数</td><td>合格率</td></tr>
<tr><td rowspan="2">主控项目</td><td>1</td><td colspan="3">碾压参数</td><td>压实机具的型号、规格，碾压遍数、碾压速度、碾压振动频率、振幅和加水量应符合碾压试验确定的参数值</td><td></td><td></td><td></td></tr>
<tr><td>2</td><td colspan="3">压实质量</td><td>孔隙率不大于设计要求</td><td></td><td></td><td></td></tr>
<tr><td rowspan="5">一般项目</td><td>1</td><td colspan="3">压层表面质量</td><td>表面平整，无漏压、欠压</td><td></td><td></td><td></td></tr>
<tr><td rowspan="4">2</td><td rowspan="4">断面尺寸</td><td rowspan="2">下游坡铺填边线距坝轴线距离</td><td>有护坡要求</td><td>符合设计要求，允许偏差为±20cm</td><td></td><td></td><td></td></tr>
<tr><td>无护坡要求</td><td>符合设计要求，允许偏差为±30cm</td><td></td><td></td><td></td></tr>
<tr><td colspan="2">过渡层与主堆石区分界线距坝轴线距离</td><td>符合设计要求，允许偏差为±30cm</td><td></td><td></td><td></td></tr>
<tr><td colspan="2">垫层与过渡层分界线距坝轴线距离</td><td>符合设计要求，允许偏差为−10～0cm</td><td></td><td></td><td></td></tr>
</table>

<table>
<tr><td>施工
单位
自评
意见</td><td>主控项目检验点100%合格，一般项目逐项检验点的合格率______%，且不合格点不集中分布。
工序质量等级评定为：
（签字，加盖公章）
年　月　日</td></tr>
<tr><td>监理
单位
复核
意见</td><td>经复核，主控项目检验点100%合格，一般项目逐项检验点的合格率______%，且不合格点不集中分布。
工序质量等级评定为：
（签字，加盖公章）
年　月　日</td></tr>
</table>

表8-29　反滤(过渡)料填筑单元工程施工质量验收评定表

<table>
<tr><td colspan="2">单位工程名称</td><td></td><td>单元工程量</td><td></td></tr>
<tr><td colspan="2">分部工程名称</td><td></td><td>施工单位</td><td></td></tr>
<tr><td colspan="2">单元工程名称、部位</td><td></td><td>施工日期</td><td>年　月　日—
年　月　日</td></tr>
<tr><td>项次</td><td colspan="2">工序名称</td><td colspan="2">工序质量验收评定等级</td></tr>
<tr><td>1</td><td colspan="2">反滤(过渡)料铺填工序</td><td colspan="2"></td></tr>
<tr><td>2</td><td colspan="2">△反滤(过渡)料压实工序</td><td colspan="2"></td></tr>
<tr><td>施工
单位
自评
意见</td><td colspan="4">各工序施工质量全部合格，其中优良工序占___%，且主要工序达到___等级。
单元质量等级评定为：
（签字，加盖公章）
年　月　日</td></tr>
<tr><td>监理
单位
复核
意见</td><td colspan="4">经抽查并查验相关检验报告和检验资料，各工序施工质量全部合格，其中优良工序占___%，且主要工序达到___等级。
单元工程质量等级评定为：
（签字，加盖公章）
年　月　日</td></tr>
</table>

注：对重要隐蔽单元工程和关键部位单元工程的施工质量验收评定应有设计、建设等单位的代表签字，具体要求应满足SL 176—2007的规定。

表 8-30　　反滤(过渡)料铺填工序施工质量验收评定表

<table>
<tr><td colspan="2">单位工程名称</td><td colspan="2"></td><td colspan="2">工序名称</td><td></td></tr>
<tr><td colspan="2">分部工程名称</td><td colspan="2"></td><td colspan="2">施工单位</td><td></td></tr>
<tr><td colspan="2">单元工程名称、部位</td><td colspan="2"></td><td colspan="2">施工日期</td><td>年　月　日—
年　月　日</td></tr>
<tr><td colspan="2">项次</td><td>检验项目</td><td>质量标准</td><td>检查(测)记录</td><td>合格数</td><td>合格率</td></tr>
<tr><td rowspan="3">主控项目</td><td>1</td><td>铺料厚度</td><td>铺料厚度均匀，不超厚，表面平整，边线整齐；检测点允许偏差不大于铺料厚度的10%，且不应超厚</td><td></td><td></td><td></td></tr>
<tr><td>2</td><td>铺填位置</td><td>铺填位置准确，摊铺边线整齐，边线偏差为±5cm</td><td></td><td></td><td></td></tr>
<tr><td>3</td><td>接合部</td><td>纵横向符合设计要求，岸坡接合处的填料无分离、架空</td><td></td><td></td><td></td></tr>
<tr><td rowspan="2">一般项目</td><td>1</td><td>铺填层面外观</td><td>铺填力求均衡上升，无团块、无粗粒集中</td><td></td><td></td><td></td></tr>
<tr><td>2</td><td>层间结合面</td><td>上下层间的结合面无泥土、杂物等</td><td></td><td></td><td></td></tr>
<tr><td colspan="2">施工单位自评意见</td><td colspan="5">主控项目检验点100%合格，一般项目逐项检验点的合格率____%，且不合格点不集中分布。
工序质量等级评定为：
(签字，加盖公章)
年　月　日</td></tr>
<tr><td colspan="2">监理单位复核意见</td><td colspan="5">经复核，主控项目检验点100%合格，一般项目逐项检验点的合格率____%，且不合格点不集中分布。
工序质量等级评定为：
(签字，加盖公章)
年　月　日</td></tr>
</table>

表 8-31　　反滤(过渡)料压实工序施工质量验评定表

<table>
<tr><td colspan="2">单位工程名称</td><td colspan="2"></td><td colspan="2">工序名称</td><td colspan="2"></td></tr>
<tr><td colspan="2">分部工程名称</td><td colspan="2"></td><td colspan="2">施工单位</td><td colspan="2"></td></tr>
<tr><td colspan="2">单元工程名称、部位</td><td colspan="2"></td><td colspan="2">施工日期</td><td colspan="2">年　月　日—
年　月　日</td></tr>
<tr><td colspan="2">项次</td><td>检验项目</td><td colspan="2">质量标准</td><td>检查(测)记录</td><td>合格数</td><td>合格率</td></tr>
<tr><td rowspan="2">主控项目</td><td>1</td><td>碾压参数</td><td colspan="2">压实机具的型号、规格，碾压遍数、碾压速度、碾压振动频率、振幅和加水量应符合碾压试验确定的参数值</td><td></td><td></td><td></td></tr>
<tr><td>2</td><td>压实质量</td><td colspan="2">相对密实度不小于设计要求</td><td></td><td></td><td></td></tr>
<tr><td rowspan="2">一般项目</td><td>1</td><td>压层表面质量</td><td colspan="2">表面平整，无漏压、欠压和出现弹簧土现象</td><td></td><td></td><td></td></tr>
<tr><td>2</td><td>断面尺寸</td><td colspan="2">压实后的反滤层、过渡层的断面尺寸偏差值不大于设计厚度的10%</td><td></td><td></td><td></td></tr>
<tr><td colspan="2">施工单位自评意见</td><td colspan="6">主控项目检验点100%合格，一般项目逐项检验点的合格率____%，且不合格点不集中分布。
工序质量等级评定为：
(签字，加盖公章)
年　月　日</td></tr>
<tr><td colspan="2">监理单位复核意见</td><td colspan="6">经复核，主控项目检验点100%合格，一般项目逐项检验点的合格率____%，且不合格点不集中分布。
工序质量等级评定为：
(签字，加盖公章)
年　月　日</td></tr>
</table>

表 8-32　　垫层工程单元工程施工质量验收评定表

<table>
<tr><td colspan="2">单位工程名称</td><td></td><td>单元工程量</td><td></td></tr>
<tr><td colspan="2">分部工程名称</td><td></td><td>施工单位</td><td></td></tr>
<tr><td colspan="2">单元工程名称、部位</td><td></td><td>施工日期</td><td>年　月　日—
年　月　日</td></tr>
<tr><td>项次</td><td colspan="2">工序名称</td><td colspan="2">工序质量验收评定等级</td></tr>
<tr><td>1</td><td colspan="2">垫层料铺填工序</td><td colspan="2"></td></tr>
<tr><td>2</td><td colspan="2">△垫层料压实工序</td><td colspan="2"></td></tr>
<tr><td>施工单位自评意见</td><td colspan="4">各工序施工质量全部合格，其中优良工序占____%，且主要工序达到____等级。
单元质量等级评定为：
（签字，加盖公章）
年　月　日</td></tr>
<tr><td>监理单位复核意见</td><td colspan="4">经抽查并查验相关检验报告和检验资料，各工序施工质量全部合格，其中优良工序占____%，且主要工序达到____等级。
单元工程质量等级评定为：
（签字，加盖公章）
年　月　日</td></tr>
</table>

注：对重要隐蔽单元工程和关键部位单元工程的施工质量验收评定应有设计、建设等单位的代表签字，具体要求应满足 SL 176—2007 的规定。

表 8-33　　垫层料铺填工序施工质量验收评定表

<table>
<tr><td colspan="2">单位工程名称</td><td colspan="2"></td><td>工序名称</td><td colspan="2"></td></tr>
<tr><td colspan="2">分部工程名称</td><td colspan="2"></td><td>施工单位</td><td colspan="2"></td></tr>
<tr><td colspan="2">单元工程名称、部位</td><td colspan="2"></td><td>施工日期</td><td colspan="2">年　月　日—
年　月　日</td></tr>
<tr><td colspan="2">项次</td><td>检验项目</td><td>质量标准</td><td>检查（测）记录</td><td>合格数</td><td>合格率</td></tr>
<tr><td>主控项目</td><td>1</td><td>铺料厚度</td><td>铺料厚度均匀，不超厚。表面平整，边线整齐，检查点允许偏差为±3cm</td><td></td><td></td><td></td></tr>
</table>

续表

<table>
<tr><th colspan="2">项次</th><th colspan="2">检验项目</th><th>质量标准</th><th>检查(测)记录</th><th>合格数</th><th>合格率</th></tr>
<tr><td rowspan="3">主控项目</td><td rowspan="2">2</td><td rowspan="2">铺填位置</td><td>垫层与过渡层分界线与坝轴线距离</td><td>符合设计要求，允许偏差为−10～0cm</td><td></td><td></td><td></td></tr>
<tr><td>垫层外坡线距坝轴线(碾压层)</td><td>符合设计要求，允许偏差为±5cm</td><td></td><td></td><td></td></tr>
<tr><td>3</td><td colspan="2">结合部</td><td>垫层摊铺顺序、纵横向接合部符合设计要求。岸坡接合处的填料不应分离、架空</td><td></td><td></td><td></td></tr>
<tr><td rowspan="3">一般项目</td><td>1</td><td colspan="2">铺填层面外观</td><td>铺填力求均衡上升，无团块、无粗粒集中</td><td></td><td></td><td></td></tr>
<tr><td>2</td><td colspan="2">接缝重叠宽度</td><td>接缝重叠宽度应符合设计要求，检查点允许偏差±10cm</td><td></td><td></td><td></td></tr>
<tr><td>3</td><td colspan="2">层间结合面</td><td>上下层间的结合面无撒入泥土、杂物等</td><td></td><td></td><td></td></tr>
<tr><td colspan="2">施工单位自评意见</td><td colspan="6">主控项目检验点100%合格，一般项目逐项检验点的合格率____%，且不合格点不集中分布。
工序质量等级评定为：
(签字，加盖公章)
年　月　日</td></tr>
<tr><td colspan="2">监理单位复核意见</td><td colspan="6">经复核，主控项目检验点100%合格，一般项目逐项检验点的合格率____%，且不合格点不集中分布。
工序质量等级评定为：
(签字，加盖公章)
年　月　日</td></tr>
</table>

表 8-34　　垫层料压实工序施工质量验收评定表

<table>
<tr><td colspan="3">单位工程名称</td><td colspan="2"></td><td>工序名称</td><td colspan="3"></td></tr>
<tr><td colspan="3">分部工程名称</td><td colspan="2"></td><td>施工单位</td><td colspan="3"></td></tr>
<tr><td colspan="3">单元工程名称、部位</td><td colspan="2"></td><td>施工日期</td><td colspan="3">年　月　日—
年　月　日</td></tr>
<tr><td colspan="2">项次</td><td colspan="3">检验项目</td><td>质量标准</td><td>检查(测)记录</td><td>合格数</td><td>合格率</td></tr>
<tr><td rowspan="2">主控项目</td><td>1</td><td colspan="3">碾压参数</td><td>压实机具的型号、规格，碾压遍数、碾压速度、碾压振动频率、振幅和加水量应符合碾压试验确定的参数值</td><td></td><td></td><td></td></tr>
<tr><td>2</td><td colspan="3">压实质量</td><td>压实度(或相对密实度)不低于设计要求</td><td></td><td></td><td></td></tr>
<tr><td rowspan="8">一般项目</td><td>1</td><td colspan="3">压层表面质量</td><td>层面平整，无漏压、欠压，各碾压段之间的搭接不小于 1.0m</td><td></td><td></td><td></td></tr>
<tr><td>2</td><td rowspan="7">垫层坡面保护</td><td colspan="2">保护层材料</td><td>满足设计要求</td><td></td><td></td><td></td></tr>
<tr><td>3</td><td colspan="2">配合比</td><td>满足设计要求</td><td></td><td></td><td></td></tr>
<tr><td rowspan="2">4</td><td rowspan="5">碾压水泥砂浆</td><td>铺料厚度</td><td>设计厚度±3cm</td><td></td><td></td><td></td></tr>
<tr><td>摊铺每条幅宽度不小于 4m</td><td>0～10cm</td><td></td><td></td><td></td></tr>
<tr><td rowspan="2">5</td><td>碾压方法及遍数</td><td>满足设计要求</td><td></td><td></td><td></td></tr>
<tr><td>碾压后砂浆表面平整度</td><td>偏离设计线+5～-8cm</td><td></td><td></td><td></td></tr>
<tr><td>6</td><td>砂浆初凝前应碾压完毕，终凝后洒水养护</td><td>满足设计要求</td><td></td><td></td><td></td></tr>
</table>

项次		检验项目			质量标准	检查(测)记录	合格数	合格率
一般项目	6	垫层坡面保护	喷射混凝土或水泥砂浆	喷层厚度偏离设计线	±5cm			
				喷层施工工艺	满足设计要求			
				喷层表面平整度	±3cm			
				喷层终凝后洒水养护	满足设计要求			
			阳离子乳化沥青	喷涂层数	满足设计要求			
				喷涂间隔时间	不小于 24h 或满足设计要求			
				喷涂前应清除坡面浮尘，喷涂后随即均匀撒砂	满足设计要求			
施工单位自评意见		主控项目检验点 100%合格，一般项目逐项检验点的合格率____%，且不合格点不集中分布。 工序质量等级评定为： (签字，加盖公章) 年　月　日						
监理单位复核意见		经复核，主控项目检验点 100%合格，一般项目逐项检验点的合格率____%，且不合格点不集中分布。 工序质量等级评定为： (签字，加盖公章) 年　月　日						

四、面板与趾板施工质量等级评定

依据现行行业标准《水利水电工程单元工程施工质量验收评定标准　混凝土工程》(SL 632—2012)的规定，面板与趾板施工各工序施工质量验收评定见表 8-35～表 8-39。

表 8-35　　面板基面清理工序施工质量验收评定表

单位工程名称		工序名称	
分部工程名称		施工单位	
单元工程名称、部位		施工日期	年　月　日— 年　月　日

项次			检验项目		质量标准	检查(测)记录	合格数	合格率
趾板基础面处理	主控项目	1	基础面	岩基	符合设计要求			
				软基	预留保护层已挖除;基础面符合设计要求			
		2	地表水和地下水		妥善引排或封堵			
	一般项目	1	岩面清理		符合设计要求;清洗洁净、无积水、无积渣杂物			
面板基面清理	主控项目	1	垫层坡面		符合设计要求;预留保护层已挖除,坡面保护完成			
		2	地表水和地下水		妥善引排或封堵			
	一般项目	1	基础清理		符合设计要求;清洗洁净、无积水、无积渣杂物			
		2	混凝土基础面		洁净、无乳皮、表面成毛面;无积水;无积渣杂物			
施工单位自评意见	主控项目检验点 100%合格,一般项目逐项检验点的合格率____%,且不合格点不集中分布。 工序质量等级评定为: (签字,加盖公章) 年　月　日							
监理单位复核意见	经复核,主控项目检验点 100%合格,一般项目逐项检验点的合格率____%,且不合格点不集中分布。 工序质量等级评定为: (签字,加盖公章) 年　月　日							

表 8-36　　滑模制作及安装工序施工质量验收评定表

<table>
<tr><td colspan="2">单位工程名称</td><td colspan="2"></td><td>工序名称</td><td colspan="3"></td></tr>
<tr><td colspan="2">分部工程名称</td><td colspan="2"></td><td>施工单位</td><td colspan="3"></td></tr>
<tr><td colspan="2">单元工程名称、部位</td><td colspan="2"></td><td>施工日期</td><td colspan="3">年　月　日—
年　月　日</td></tr>
<tr><td colspan="2">项次</td><td colspan="2">检验项目</td><td>质量标准</td><td>检查(测)记录</td><td>合格数</td><td>合格率</td></tr>
<tr><td rowspan="2">主控项目</td><td>1</td><td colspan="2">滑模结构及其牵引系统</td><td>应牢固可靠，便于施工，并应设有安全装置</td><td></td><td></td><td></td></tr>
<tr><td>2</td><td colspan="2">模板及其支架</td><td>满足设计稳定性、刚度和强度要求</td><td></td><td></td><td></td></tr>
<tr><td rowspan="10">一般项目</td><td>1</td><td colspan="2">模板表面</td><td>处理干净，无任何附着物，表面光滑</td><td></td><td></td><td></td></tr>
<tr><td>2</td><td colspan="2">脱模剂</td><td>涂抹均匀</td><td></td><td></td><td></td></tr>
<tr><td>3</td><td rowspan="5">滑模制作及安装</td><td>外形尺寸</td><td>允许偏差±10mm</td><td></td><td></td><td></td></tr>
<tr><td>4</td><td>对角线长度</td><td>允许偏差±6mm</td><td></td><td></td><td></td></tr>
<tr><td>5</td><td>扭曲</td><td>允许偏差 4mm</td><td></td><td></td><td></td></tr>
<tr><td>6</td><td>表面局部不平度</td><td>允许偏差 3mm</td><td></td><td></td><td></td></tr>
<tr><td>7</td><td>滚轮及滑道间距</td><td>允许偏差±10mm</td><td></td><td></td><td></td></tr>
<tr><td>8</td><td rowspan="3">滑模轨道制作及安装</td><td>轨道安装高程</td><td>允许偏差±5mm</td><td></td><td></td><td></td></tr>
<tr><td>9</td><td>轨道安装中心线</td><td>允许偏差±10mm</td><td></td><td></td><td></td></tr>
<tr><td>10</td><td>轨道接头处轨面错位</td><td>允许偏差 2mm</td><td></td><td></td><td></td></tr>
<tr><td colspan="2">施工单位自评意见</td><td colspan="6">主控项目检验点 100%合格，一般项目逐项检验点的合格率____%，且不合格点不集中分布。
工序质量等级评定为：
(签字，加盖公章)
年　月　日</td></tr>
<tr><td colspan="2">监理单位复核意见</td><td colspan="6">经复核，主控项目检验点 100%合格，一般项目逐项检验点的合格率____%，且不合格点不集中分布。
工序质量等级评定为：
(签字，加盖公章)
年　月　日</td></tr>
</table>

表 8-37　　　钢筋制作及安装工序施工质量验收评定表

<table>
<tr><td colspan="3">单位工程名称</td><td colspan="2"></td><td>工序名称</td><td colspan="3"></td></tr>
<tr><td colspan="3">分部工程名称</td><td colspan="2"></td><td>施工单位</td><td colspan="3"></td></tr>
<tr><td colspan="3">单元工程名称、部位</td><td colspan="2"></td><td>施工日期</td><td colspan="3">年　月　日—
年　月　日</td></tr>
<tr><td colspan="2">项次</td><td colspan="3">检验项目</td><td>质量标准</td><td>检查(测)记录</td><td>合格数</td><td>合格率</td></tr>
<tr><td rowspan="12">主控项目</td><td>1</td><td colspan="3">钢筋的数量、规格尺寸、安装位置</td><td>符合质量标准和设计的要求</td><td></td><td></td><td></td></tr>
<tr><td>2</td><td colspan="3">钢筋接头的力学性能</td><td>符合规范要求和国家及行业有关规定</td><td></td><td></td><td></td></tr>
<tr><td>3</td><td colspan="3">焊接接头和焊缝外观</td><td>不允许有裂缝、脱焊点、漏焊点，表面平顺，没有明显的咬边、凹陷、气孔等，钢筋不应有明显烧伤</td><td></td><td></td><td></td></tr>
<tr><td rowspan="9">4
钢筋连接</td><td rowspan="5">点焊及电弧焊</td><td colspan="2">帮条对焊接头中心</td><td>纵向偏移差不大于 0.5d</td><td></td><td></td><td></td></tr>
<tr><td colspan="2">接头处钢筋轴线的曲折</td><td>≤4°</td><td></td><td></td><td></td></tr>
<tr><td rowspan="3">焊缝</td><td>长度</td><td>允许偏差−0.5d</td><td></td><td></td><td></td></tr>
<tr><td>高度</td><td>允许偏差−0.5d</td><td></td><td></td><td></td></tr>
<tr><td>表面气孔夹渣</td><td>在 2d 长度上数量不多于 2 个；气孔、夹渣的直径不大于 3mm</td><td></td><td></td><td></td></tr>
<tr><td rowspan="4">对焊及溶槽焊</td><td rowspan="2">焊接接头根部未焊透深度</td><td>Φ25mm～Φ40mm 钢筋</td><td>≤0.15d</td><td></td><td></td><td></td></tr>
<tr><td>Φ40mm～Φ70mm 钢筋</td><td>≤0.10d</td><td></td><td></td><td></td></tr>
<tr><td colspan="2">接头处钢筋中心线的位移</td><td>0.10d 且不大于 2mm</td><td></td><td></td><td></td></tr>
<tr><td colspan="2">焊缝表面(长为 2d)和焊缝截面上蜂窝、气孔、非金属杂质</td><td>≤1.5d</td><td></td><td></td><td></td></tr>
</table>

续表

<table>
<tr><th colspan="2">项次</th><th colspan="3">检验项目</th><th>质量标准</th><th>检查(测)记录</th><th>合格数</th><th>合格率</th></tr>
<tr><td rowspan="12">主控项目</td><td rowspan="11">4 钢筋连接</td><td rowspan="3">绑扎连接</td><td colspan="2">缺扣、松扣</td><td>≤20%,且不集中</td><td></td><td></td><td></td></tr>
<tr><td colspan="2">弯钩朝向正确</td><td>符合设计图纸</td><td></td><td></td><td></td></tr>
<tr><td colspan="2">搭接长度</td><td>允许偏差
−0.05设计值</td><td></td><td></td><td></td></tr>
<tr><td rowspan="8">机械连接</td><td rowspan="4">带肋钢筋冷挤压连接接头</td><td>压痕处套筒外形尺寸</td><td>挤压后套筒长度应为原套筒长度的1.10～1.15倍,或压痕处套筒的外径波动范围为原套筒外径的0.8～0.9倍</td><td></td><td></td><td></td></tr>
<tr><td>挤压道次</td><td>符合型式检验结果</td><td></td><td></td><td></td></tr>
<tr><td>接头弯折</td><td>≤4°</td><td></td><td></td><td></td></tr>
<tr><td>裂缝检查</td><td>挤压后肉眼观察无裂缝</td><td></td><td></td><td></td></tr>
<tr><td rowspan="4">直锥螺纹连接接头</td><td>丝头外观质量</td><td>保护良好,无锈蚀和油污,牙形饱满光滑</td><td></td><td></td><td></td></tr>
<tr><td>套头外观质量</td><td>无裂纹或其他肉眼可见缺陷</td><td></td><td></td><td></td></tr>
<tr><td>外露丝扣</td><td>无1扣以上完整丝扣外露</td><td></td><td></td><td></td></tr>
<tr><td>螺纹匹配</td><td>丝头螺纹与套筒螺纹满足连接要求,螺纹结合紧密,无明显松动,以及相应处理方法得当</td><td></td><td></td><td></td></tr>
<tr><td>5</td><td colspan="3">钢筋间距、保护层</td><td>符合规范和设计要求</td><td></td><td></td><td></td></tr>
</table>

续表

<table>
<tr><th colspan="2">项次</th><th colspan="2">检验项目</th><th>质量标准</th><th>检查(测)记录</th><th>合格数</th><th>合格率</th></tr>
<tr><td rowspan="6">一般项目</td><td>1</td><td colspan="2">钢筋长度方向</td><td>局部偏差±1/2净保护层厚</td><td></td><td></td><td></td></tr>
<tr><td rowspan="2">2</td><td rowspan="2">同一排受力钢筋间距</td><td>排架、梁、柱</td><td>允许偏差±0.5d</td><td></td><td></td><td></td></tr>
<tr><td>板、墙</td><td>允许偏差±0.1倍间距</td><td></td><td></td><td></td></tr>
<tr><td>3</td><td colspan="2">双排钢筋,其排与排间距</td><td>允许偏差±0.1倍排距</td><td></td><td></td><td></td></tr>
<tr><td>4</td><td colspan="2">梁与柱中箍筋间距</td><td>允许偏差±0.1倍箍筋间距</td><td></td><td></td><td></td></tr>
<tr><td>5</td><td colspan="2">保护层厚度</td><td>局部偏差±1/4净保护层厚</td><td></td><td></td><td></td></tr>
<tr><td colspan="2">施工单位自评意见</td><td colspan="6">主控项目检验点100%合格,一般项目逐项检验点的合格率____%,且不合格点不集中分布。
工序质量等级评定为:
(签字,加盖公章)
年 月 日</td></tr>
<tr><td colspan="2">监理单位复核意见</td><td colspan="6">经复核,主控项目检验点100%合格,一般项目逐项检验点的合格率____%,且不合格点不集中分布。
工序质量等级评定为:
(签字,加盖公章)
年 月 日</td></tr>
</table>

表 8-38　　混凝土浇筑工序施工质量验收评定表

<table>
<tr><td colspan="3">单位工程名称</td><td></td><td>工序名称</td><td colspan="2"></td></tr>
<tr><td colspan="3">分部工程名称</td><td></td><td>施工单位</td><td colspan="2"></td></tr>
<tr><td colspan="3">单元工程名称、部位</td><td></td><td>施工日期</td><td colspan="2">年　月　日—
年　月　日</td></tr>
<tr><td colspan="2">项次</td><td>检验项目</td><td>质量标准</td><td>检查(测)记录</td><td>合格数</td><td>合格率</td></tr>
<tr><td rowspan="4">主控项目</td><td>1</td><td>滑模提升速度控制</td><td>滑模提升速度由试验确定,混凝土浇筑连续,不允许仓面混凝土出现初凝现象。脱模后无鼓胀及表面拉裂现象,外观光滑平整</td><td></td><td></td><td></td></tr>
<tr><td>2</td><td>混凝土振捣</td><td>有序振捣均匀、密实</td><td></td><td></td><td></td></tr>
<tr><td>3</td><td>施工缝处理</td><td>按设计要求处理</td><td></td><td></td><td></td></tr>
<tr><td>4</td><td>裂缝</td><td>无贯穿性裂缝,出现裂缝按设计要求处理</td><td></td><td></td><td></td></tr>
<tr><td rowspan="3">一般项目</td><td>1</td><td>铺筑厚度</td><td>符合规范要求</td><td></td><td></td><td></td></tr>
<tr><td>2</td><td>面板厚度/mm</td><td>符合设计要求。允许偏差−50～100mm</td><td></td><td></td><td></td></tr>
<tr><td>3</td><td>混凝土养护</td><td>符合规范要求</td><td></td><td></td><td></td></tr>
<tr><td colspan="2">施工单位自评意见</td><td colspan="5">主控项目检验点100%合格,一般项目逐项检验点的合格率____%,且不合格点不集中分布。
工序质量等级评定为:
(签字,加盖公章)
年　月　日</td></tr>
<tr><td colspan="2">监理单位复核意见</td><td colspan="5">经复核,主控项目检验点100%合格,一般项目逐项检验点的合格率____%,且不合格点不集中分布。
工序质量等级评定为:
(签字,加盖公章)
年　月　日</td></tr>
</table>

表 8-39　混凝土外观质量检查工序施工质量验收评定表

<table>
<tr><td colspan="3">单位工程名称</td><td></td><td>工序名称</td><td colspan="2"></td></tr>
<tr><td colspan="3">分部工程名称</td><td></td><td>施工单位</td><td colspan="2"></td></tr>
<tr><td colspan="3">单元工程名称、部位</td><td></td><td>施工日期</td><td colspan="2">年　月　日—
年　月　日</td></tr>
<tr><td colspan="2">项次</td><td>检验项目</td><td>质量标准</td><td>检查(测)记录</td><td>合格数</td><td>合格率</td></tr>
<tr><td rowspan="3">主控项目</td><td>1</td><td>表面平整度</td><td>符合设计要求</td><td></td><td></td><td></td></tr>
<tr><td>2</td><td>形体尺寸</td><td>符合设计要求或允许偏差±20mm</td><td></td><td></td><td></td></tr>
<tr><td>3</td><td>重要部位缺损</td><td>不允许,应修复使其符合设计要求</td><td></td><td></td><td></td></tr>
<tr><td rowspan="4">一般项目</td><td>1</td><td>麻面、蜂窝</td><td>麻面、蜂窝累计面积不超过 0.5%。经处理符合设计要求</td><td></td><td></td><td></td></tr>
<tr><td>2</td><td>孔洞</td><td>单个面积不超过 0.01m²,且深度不超过骨料最大粒径。经处理符合设计要求</td><td></td><td></td><td></td></tr>
<tr><td>3</td><td>错台、跑模、掉角</td><td>经处理符合设计要求</td><td></td><td></td><td></td></tr>
<tr><td>4</td><td>表面裂缝</td><td>短小、深度不大于钢筋保护层厚度的表面裂缝经处理符合设计要求</td><td></td><td></td><td></td></tr>
<tr><td colspan="2">施工单位自评意见</td><td colspan="5">主控项目检验点 100%合格,一般项目逐项检验点的合格率____%,且不合格点不集中分布。
工序质量等级评定为:
(签字,加盖公章)
年　月　日</td></tr>
<tr><td colspan="2">监理单位复核意见</td><td colspan="5">经复核,主控项目检验点 100%合格,一般项目逐项检验点的合格率____%,且不合格点不集中分布。
工序质量等级评定为:
(签字,加盖公章)
年　月　日</td></tr>
</table>

五、接缝止水的质量等级评定

依据现行行业标准 SL632—2012 的规定，接缝止水的质量等级评定见表 8-40。

表 8-40　　预埋件制作及安装工序施工质量验收评定表

<table>
<tr><td colspan="3">单位工程名称</td><td colspan="2"></td><td>工序名称</td><td colspan="2"></td></tr>
<tr><td colspan="3">分部工程名称</td><td colspan="2"></td><td>施工单位</td><td colspan="2"></td></tr>
<tr><td colspan="3">单元工程名称、部位</td><td colspan="2"></td><td>施工日期</td><td colspan="2">年　月　日—
年　月　日</td></tr>
<tr><td colspan="2">项次</td><td colspan="2">检验项目</td><td>质量标准</td><td>检查(测)记录</td><td>合格数</td><td>合格率</td></tr>
<tr><td rowspan="5">止水片止水带</td><td rowspan="5">主控项目</td><td rowspan="2">1</td><td rowspan="2">止水片(带)连接</td><td>铜止水带连(焊)接表面光滑、无孔洞、无裂缝；对缝焊应为单面双层焊接；搭接焊应为双面焊接，搭接长度应大于 20mm。拼接处的抗拉强度不小于母材强度</td><td></td><td></td><td></td></tr>
<tr><td>PVC 止水带采用热黏结或热焊接，搭接长度不小于150mm；橡胶止水带硫化连接牢固。接头内不应有气泡、夹渣或渗水。拼接处的抗拉强度不小于母材强度</td><td></td><td></td><td></td></tr>
<tr><td>2</td><td>片(带)外观</td><td>表面浮皮、锈污、油漆、油渍等清除干净，无砂眼、钉孔、裂纹等，止水片(带)无变形、变位</td><td></td><td></td><td></td></tr>
<tr><td>3</td><td>基座</td><td>符合设计要求(按基础面要求验收合格)</td><td></td><td></td><td></td></tr>
<tr><td>4</td><td>片(带)插入深度</td><td>符合设计要求</td><td></td><td></td><td></td></tr>
</table>

续表

项次			检验项目		质量标准	检查(测)记录	合格数	合格率
止水片止水带	一般项目	1	PVC(或橡胶)垫片		平铺或黏贴在砂浆垫(或沥青垫)上,中心线应与缝中心线重合;允许偏差±5mm			
		2	制作(成型)	宽度	铜止水允许偏差±5mm;PVC或橡胶止水带允许偏差±5mm			
				鼻子或立腿高度	铜止水允许偏差±2mm			
				中心部分直径	PVC或橡胶止水带允许偏差±2mm			
		3	安装	中心线与设计	铜止水允许偏差±5mm;PVC或橡胶止水带允许偏差±5mm			
				两侧平段倾斜	铜止水允许偏差±5mm;PVC或橡胶止水带允许偏差±10mm			
伸缩缝	主控项目	1	柔性料填充		满足设计断面要求,边缘允许偏差±10mm;面膜按设计结构设置,与混凝土面应黏结紧密,锚压牢固,形成密封腔			

续表

项次		检验项目		质量标准	检查(测)记录	合格数	合格率
伸缩缝	主控项目	2	无黏性料填充	填料填塞密实，保护罩的外形尺寸符合设计要求，安装锚固用的角钢、膨胀螺栓规格、间距符合设计要求，并经防腐处理。位置偏差不大于30mm；螺栓孔距允许偏差不大于50mm；螺栓孔深允许偏差不大于5mm			
	一般项目	1	面板接缝顶部预留填塞柔性填料的V形槽	位置准确，规格、尺寸符合设计要求			
		2	预留槽表面处理	清洁、干燥，黏结剂涂刷均匀、平整、不应漏涂，涂料应与混凝土面黏结紧密			
		3	砂浆垫层	平整度、宽度符合设计要求，平整度允许偏差±2mm 宽度允许偏差不大于5mm			
		4	柔性填料表面	混凝土表面应平整、密实；无松动混凝土块、无露筋、蜂窝、麻面、起皮、起砂现象			

续表

施工单位自评意见	主控项目检验点100%合格，一般项目逐项检验点的合格率___%，且不合格点不集中分布。 工序质量等级评定为： （签字，加盖公章） 年　月　日
监理单位复核意见	经复核，主控项目检验点100%合格，一般项目逐项检验点的合格率___%，且不合格点不集中分布。 工序质量等级评定为： （签字，加盖公章） 年　月　日

参 考 文 献

[1] 王亚文.水布垭混凝土面板堆石坝施工工法[M].宜昌:葛洲坝清江建设承包公司,2003.

[2] 李海潮.混凝土面板堆石坝[M].郑州:黄河水利出版社,2008.

[3] 曹克明,汪易森,徐建军,刘斯宏.混凝土面板堆石坝[M].北京:中国水利水电出版社,2008.

[4] 顾志刚.混凝土面板堆石坝施工技术[M].北京:中国电力出版社,2005.

[5] 马长顺.混凝土面板堆石坝施工质量控制指南[M].北京:中国水利水电出版社,2004.

[6]《水利水电工程施工手册》编委会.水利水电工程施工手册土石方工程[M].北京:中国电力出版社,2002.

[7]《水利水电工程施工手册》编委会.水利水电工程施工手册施工导截流及度汛[M].北京:中国电力出版社,2002.

[8] 钟家驹.土石坝工程[M].西安:陕西科学技术出版社,2008.

内容提要

本书是《水利水电工程施工实用手册》丛书之《混凝土面板堆石坝工程施工》分册，以国家现行建设工程标准、规范、规程为依据，结合编者多年工程实践经验编纂而成。全书共8章，内容包括：混凝土面板堆石坝基本知识、坝基开挖与处理、筑坝材料、坝体填筑、趾板与面板施工、接缝止水施工、监测仪器埋设、施工质量控制与评定等。

本书适合水利水电施工一线工程技术人员、操作人员使用。可作为水利水电面板堆石坝工程施工作业人员的培训教材，亦可作为大专院校相关专业师生的参考资料。

《水利水电工程施工实用手册》

工程识图与施工测量
建筑材料与检测
地基与基础处理工程施工
灌浆工程施工
混凝土防渗墙工程施工
土石方开挖工程施工
砌体工程施工
土石坝工程施工
混凝土面板堆石坝工程施工
堤防工程施工
疏浚与吹填工程施工
钢筋工程施工
模板工程施工
混凝土工程施工
金属结构制造与安装（上册）
金属结构制造与安装（下册）
机电设备安装